車削 × 鑽孔 × 榫接 × 編織

全圖解・木工車床家具
製作全書

PREFACE ▸▸▸

　　從在建築系念書時，就一直很享受動手DIY的樂趣，進而在當上班族後，也選擇學習木工車床當作嗜好。之後，一連串的機緣巧合，踏進了木工車床創作、教學。在這過程中，動手完成作品的成就感更是帶給自己很多的喜悅。Φ

　　「自己動手」這件事如果能與生活結合在一起就再完美不過了！家具是生活中不可或缺的一環，書中挑選了十二件家具，適合大人、小朋友及毛小孩使用，讓讀者在完成作品之餘，還能與家人及毛小孩分享創作的成就感。Φ

　　本書是以木工車床為主要技法的家具製作。國內外以木工車床來製作家具已行之有年，其主要的想法為車製圓桿之後，再將桿件以圓榫組合起來完成框架，並搭配其他技法，完成家具製作。同時，以此工法所完成的家具多半以圓桿件的框架為主要結構，所以重量也相對較輕。除了木頭溫暖的特質之外，書中亦可看到木頭加上藤皮、紙藤、背帶等材料搭配的範例，讓作品在既有的技巧上增加變化。Φ

當初能夠選擇木工車床當作嗜好，也是因為木工車床對空間、噪音的要求較低，非常適合DIY的木工愛好者。希望透過本書的介紹，讓生活繁忙的現代人也有機會可以嘗試，一圓每個人心中的木工夢。希望藉由自己動手作，讓讀者在節奏緊湊的生活中，獲得那份專屬於自己的成就感。ф

楊佩曦

CON TEN TS

Φ Woodturning Fun and Furniture Φ

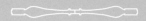

Part 2 木工車床基本技巧

工具百寶箱

Φ Woodturning Fun and Furniture
Φ Tools and Equipment

1

認識木工車床

木工車床

　　一般木工車床的選擇考慮到旋轉半徑，這關係到作品的最大直徑，另一考量則是可車製長度。本書示範使用的木工車床一為 10" 旋徑木工車床加上延長座，此車床旋徑約為 25cm，可加工長度約為 100cm。另一個為 20" 木工車床，此車床旋轉半徑約為 50cm，可加工長度約為 85cm。

　　需要車製較長圓桿，如：夏克風風格椅的後腳，就必須用到 10" 車床。當運用變換軸心的工法時，為達到車製較大的曲度，則以 20" 車床為佳，如：低背椅的後腳。市面上另有 12" 14" 16" 24" 等不同旋徑的車床，可滿足每個人不同的需求。

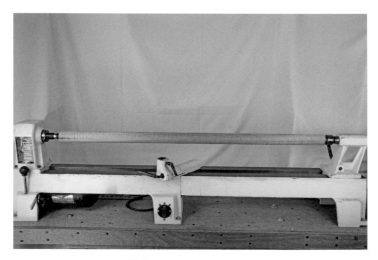

10" 旋徑木工車床＋延長座

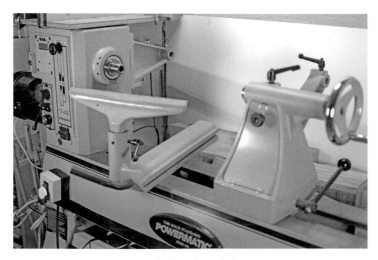

20" 旋徑木工車床

認識木工車床

車刀及磨刀治具

除了木工車床之外，最重要的工具就是車刀和磨刀治具。

本書中所使用的車刀為粗鑿、分鑿、小圓鑿、斜鑿、刮鑿及碗鑿。

磨刀治具又有人稱為磨刀固定架，這組治具能幫助我們將 5 至 6 把不同的車刀磨出所需要的角度。維持刀具的鋒利是很重要的，不僅能有效率地製作，有時更會影響到作品的品質，甚至關係到成敗。

基本款車刀（由左至右為）：
粗鑿、分鑿、小圓鑿、斜鑿、刮鑿

碗鑿

砂輪機及磨刀治具組

其他車床工具

將木頭架在木工車床上的方式有很多種，不同的方式需搭配不同的工具。這邊先介紹會使用到的工具，在各個範例中會看到使用的時機。

活動頂針（左）、固定頂針（右）

小圓盤

鑽尾夾頭

夾頭

其他工具

能夠達到同一目的的工具及量具通常不只一種，本書列出的是示範時所使用的工具，在各作品中會說明使用時機。

手工具

中心規、錐子、中心沖、
釘子（依序由上至下）

游標卡尺

角尺

直尺

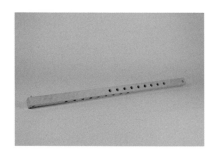

圓規

分度規（上）、自由角規（下）

水平規

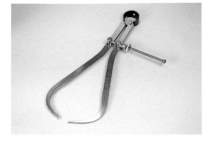

外徑規

其他工具

鑿刀

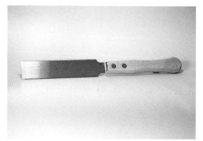
細工鋸

刨刀

角度調整電鑽座

砂紙

迫緊帶

其他工具

電動工具

鑽床

帶鋸機

溫控電烙鐵

修邊機

手持電鑽

砂紙機

起子機

治具

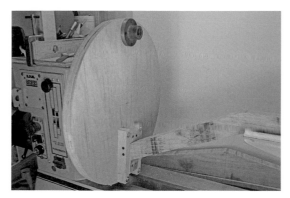

低背椅後椅腳治具

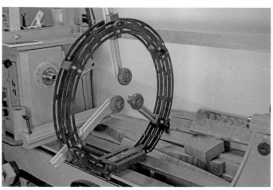

木工車床多功能支撐架

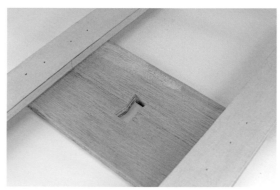

蝴蝶鍵片治具

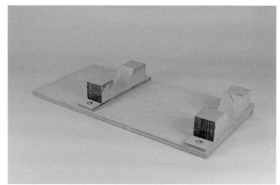

圓桿固定治具

木工車床基本技巧

Φ Woodturning Fun and Furniture
Φ The Basics of Woodturning

2

基本車刀技巧

基本木工車床的車刀有：粗鑿、分鑿、刮鑿、小圓鑿、斜鑿、碗鑿，每把刀子外形皆不同，使用上也各有所異。但是，木工車床要上手，不外乎是釐清：每把刀子的持刀角度及其刀刃與木頭接觸的位置與角度。掌握這兩個原則，對於熟悉、掌握每把車刀大有助益。

基本姿勢

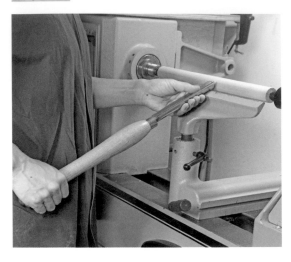

身體以大約45度面對車床，左手握住車刀並將大拇指輕放在車刀上，食指靠在車刀架。右手滿把握住刀柄，並靠在腰際上，這樣可增加操作時車刀的穩定度。兩肩自然下垂，避免運用過多的力氣，造成手部疲累甚至是受傷。

粗鑿

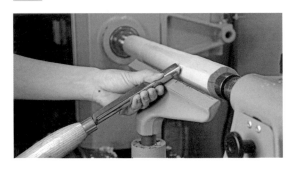

粗鑿可快速去除廢料，因此最常使用此刀將木料由方形粗車為圓桿。粗鑿使用時為刀刃高、刀柄低的斜度。刀刃接觸點略高於木料中心軸。

■刮的刀法

刀子的溝槽朝天花板，刀子與木料約為90度。

■切的刀法

刀子的溝槽些微轉向，刀子與木料不再呈垂直，刀背前端接觸到木料。

基本車刀技巧

分鑿

使用時為前高後低的斜度。刀刃接觸點略高於木料中心軸。刀子與木料呈90度。通常用於車溝或車出定位點。

刮鑿

持刀時刀柄略高於刀刃。刀刃接觸木料位置在中心軸下方一點點的地方。通常用來細修。

小圓鑿

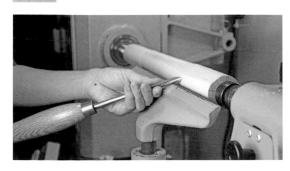

使用時為前高後低的斜度。刀刃接觸點略高於木料中心軸。通常用於直線或曲線外形。

■刮的刀法

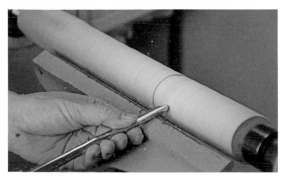

刀子的溝槽朝天花板,刀子與木料約呈90度。

■切的刀法

刀子的溝槽些微轉向,刀子與木料不再呈垂直,刀背前端接觸到木料。

基本車刀技巧

斜鑿

斜鑿有幾個不同的刀法，分別以刮、切、削來進行。

■刮的刀法

持刀時刀為水平，刀刃接觸木料在中心軸高度。

■切的刀法

切的刀法使用時為前高後低的斜度。長尖接觸點於木料約1/3高的位置。

■削的刀法

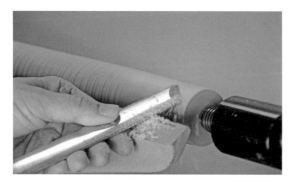

使用時為前高後低的斜度。刀刃接觸點於木料約1/3高的位置。刀刃與木頭形成45度角，接近短尖1/3處的刀刃。

碗鑿

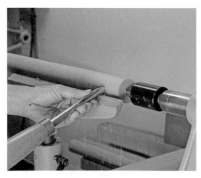

使用時為前高後低的斜度。刀刃接觸點略高於木料中心軸。通常用於直線或曲線外形。

小叮嚀
雖然碗鑿是車碗的利器，本書也用於車凳子座。

其他基本技巧

中心點定位

製作家具中的桌腳、椅腳，通常會將木料備成端面為方形的長條狀材料，在開始車製之前，必須在端面上找到中心點，並作記號。這兩端的中心點即為頂針的位置，用來將材料架在車床上。這邊介紹兩種常用方法，一為利用直尺，另一則是使用中心規。作記號時可使用：釘子、中心沖、錐子等。操作說明如下。

■在端面上找到中心點的兩個方法

1 以直尺畫出兩條對角線，兩線相交點即為中心點。

2 將中心規靠在端面其中一角，沿著中心規上斜邊畫線，建議四角各畫一次，畫完後，若四條線交叉成一「井」字，中心點即在井字中間。

■作記號的三個方法

1 利用釘子作記號。

2 利用中心沖作記號。

3 利用錐子作記號。

磨車刀

工欲善其事，必先利其器。維持車刀的鋒利是重要的，磨刀是不可避免的一項工作。至於車刀的角度則沒有絕對的對錯，我們可在網路或書籍中看到同一把車刀因不同使用者的習慣，而磨成不同的角度。下面列出的是筆者習慣使用的角度。至於磨刀的方法，筆者是利用治具在砂輪機上磨，分別介紹如下。

■粗鑿：50 度

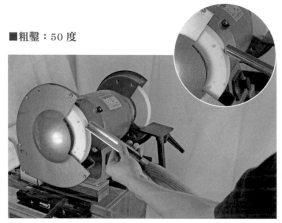

將支撐架調到適當的長度，讓刀刃的角度剛好為 50 度。磨刀時將刀子左右旋轉，左右兩側均勻地將刀磨利。

■分鑿

將支撐架調到適當的長度，讓刀子可貼到磨刀石。磨刀時將刀子左右移動，兩邊都要磨，將刀尖維持在刀具中間，並避免磨歪。

■刮鑿：85 至 75 度

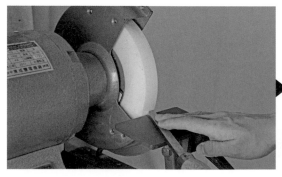

磨刀時會將刀子反過來磨，讓毛邊在刀刃那一側。將支撐平台調到適當的斜度，讓刀子的角度剛好貼到磨刀石。磨刀時將刀子貼緊支撐平台並左右旋轉，均勻地將刀磨利。

其他基本技巧

■斜鑿

將斜鑿磨刀架架在支撐架上並固定好，將支撐架調到適當的長度，讓刀子剛好貼到磨刀石。磨刀時將刀子左右移動。磨另一邊時，將刀放在另一側的V槽內。

■碗鑿：60度／小圓鑿：40度

這邊以碗鑿示範。將刀具架在碗鑿磨刀器上，並將治具的腳架在支撐架上，將支撐架調到適當的長度，讓刀刃的角度剛好為60度。磨刀時將碗鑿磨刀器左右旋轉，左右兩側均勻地將刀磨利。

畫線 & 作記號

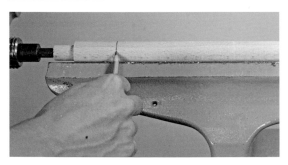

一手持鉛筆，將鉛筆架在車刀架上，並輕輕靠在木頭上要作記號的地方，另一手轉動車床或啟動車床，持鉛筆的手不要晃動，車床轉動一圈後，即可輕易在木頭上作出一圈記號。

如何車圓榫

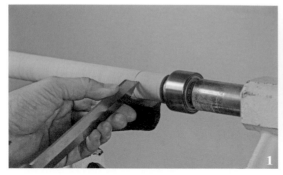

1 先以鉛筆畫出榫頭的長度，接著以分鑿車出需要的直徑。

2 以同樣的方法，將榫頭另一端的直徑車出來。

3 中間還沒車的即是要去掉的廢料。

4 接著以粗鑿（或小圓鑿）將中間的廢料車掉。

5 在接近需要的尺寸時，可使用分鑿或刮鑿，將榫頭修平順，成為一圓柱。

6 榫頭大功告成了。榫頭通常不需要砂磨。

如何車圓桿

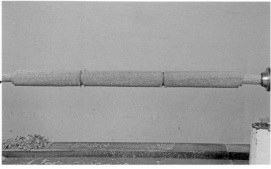

1 延續著同一塊材料，將圓柱的一端車至比需要的直徑再大一點，舉例來說，如果需要的是12mm，這時就車至13mm，接著在圓桿材料上重複這個動作，此時可看到數個溝槽。

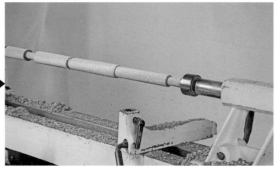

2 接下來，以粗鑿將溝槽與溝鑿間的廢料車掉。

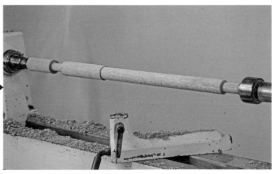

3 廢料去得差不多後，可換刮鑿，將圓柱整段修平整，左側尚未處理的部分，可重複上面的步驟，讓圓柱慢慢地成為所需要的尺寸。接下來就可進行砂磨，砂磨後，就會相當接近需要的尺寸了。

榫孔定位

本書有好幾個家具的框架是以 90 度角組合起來，所以特別在這邊說明如何定位 90 度的榫孔。先以「畫線 & 作記號」的方式標出榫孔高度的位置，以鉛筆在木料上畫出一圈線，接著就要定出榫孔中心位置。

■定位原則

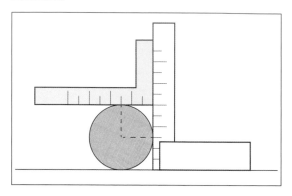

圖中以半徑3cm圓柱為例，會使用到兩把角尺，第一把角尺在3cm處為第一個圓榫圓心，第二把角尺的3cm處為第二個圓榫圓心位置。如此一來，就可定出互為90度的兩個榫孔中心位置。

■實際操作

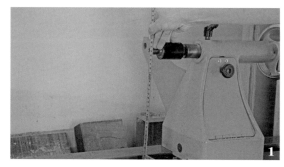

1　實際在車床上操作時，先以角尺量出機台到頂針的距離，此即為車床中心軸的高度。

2　將角尺放在車床上，在木料上標出車床中心軸的高度即為第一個榫孔的位置，接著在短的角尺上標出圓柱的半徑位置，即為第二個榫孔圓心的位置。過程中不要轉動圓桿。

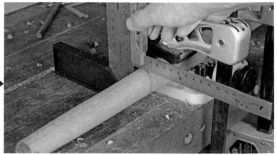

3　榫孔定位完成後，接下來在鑽床或鑽孔治具上鑽孔，榫孔圓心的位置會關係到榫孔鑽出來的準確性。 這時也是使用兩把角尺來確定：轉動圓桿讓圓心的記號移到圓桿半徑的刻度處，再以鑽頭對準圓心來鑽。

其他基本技巧

檢查直線・平面

可將直尺邊緣靠在需要確認的物件上，若直尺與物件露出空隙，就是物件未達平面。圓桿或圓盤都可以此方法檢查。

整理桌腳・椅腳

 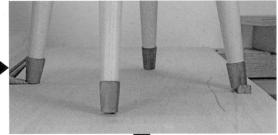 

1　將作好的桌／椅放在一個平面上，並在桌／椅面上放上水平規。以小木塊將桌／椅墊到水平規呈水平，接下來將鉛筆墊在一薄板上，薄板厚度要讓鉛筆可繞著桌／椅腳畫一圈。每一隻腳都重複這個動作。

2　再以鋸子沿著線鋸下，如此一來，桌／椅在使用時就會是水平的。

3

作品DIY

Φ Woodturning Fun and Furniture
Φ Construction Procedure

Kid Table 兒童桌

桌板倒角

電鑽鑽孔

車製桌腳

破榫製作

練習重點

車造型圓桿
複製桌腳
以電鑽座鑽榫孔
破榫製作

難度：★☆☆☆☆
完成尺寸：高 41cm × 長 60cm × 寬 60cm

一塊板加上四枝圓桿就可成為一個最簡單的桌子。因為桌子高度低,所以不需橫撐穩定結構,很適合作為入門練習。就讓我們就以這張兒童尺寸的桌子,開始車床家具 DIY 之旅。

材料表 (備料尺寸包含廢料,非完成尺寸)

編號	項目	數量	尺寸(長 × 寬 × 高 / 厚)
1	桌腳	4	41cm×7cm×7cm
2	桌板 *	1	62cm×62cm×4.5cm
3	4 片楔片 **	1	5cm×3cm×2cm

* 建議買四面刨好的桌板來製作。
** 備料尺寸為一整塊木頭,楔片於製作時再裁切。

尺寸圖 (單位:cm)

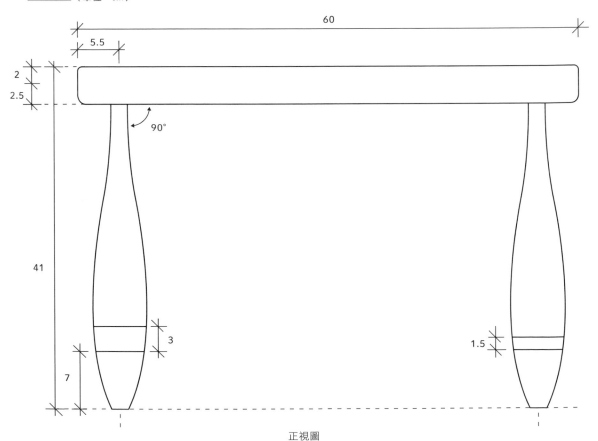

正視圖

步驟順序：車製桌腳／桌板倒角／電鑽鑽孔／破榫製作

車製桌腳

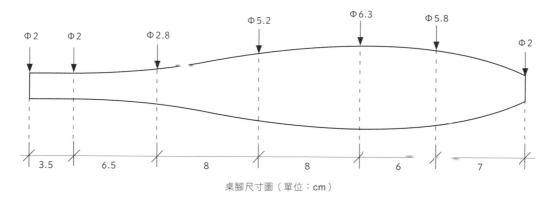

桌腳尺寸圖（單位：cm）

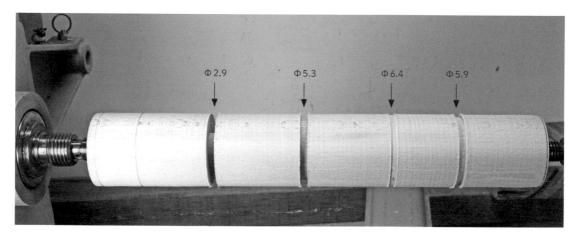

1 先將桌腳材料車圓後，參照尺寸圖，以鉛筆標上記號。接下來以分鑿將直徑車至比預計還大1mm，這是因為最後還要細修及砂磨，所以不能將尺寸車至預期大小。

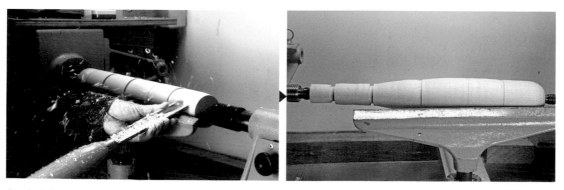

2 比溝槽大的部分即為廢料，可使用粗鑿很快地將其去除。重複步驟1，將榫頭及尾端的直徑定出來，再將旁邊的廢料去除，很快地，桌腳雛形就呈現出來了。

3 接下來，可使用碗鑿、小圓鑿或刮鑿，將桌腳線條再修得更順暢。

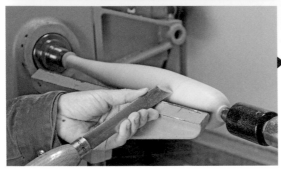

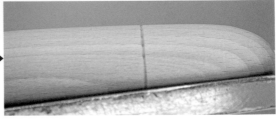

4 再以斜鑿，採取切的刀法，在預定的位置上作出裝飾性的V字溝。砂磨後就大功告成了。

桌板倒角

小叮嚀

訂購桌板時，建議上下面都先刨好，這樣一來，只需以手提圓鋸機將四邊稍微修整，即可成為需要的正方形。

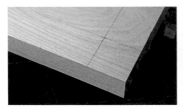

1 在開始倒角之前，先將桌底榫孔位置標示好，以免邊角倒圓後比較難測量。

2 接著使用修邊機，以8分1/4R刀（圖右）來修桌底的邊，2分1/4R刀（圖左）刀來修桌面的邊。

3 圖中圓圈處可看到已修與還沒修的差別。

電鑽鑽孔

1 使用角度調整電鑽座來鑽孔。先將角度調整到0度位置,放到桌板上時,電鑽座上的標示記號要與榫孔定位的線對齊。

2 以電鑽鑽孔時,要注意深度,因為要作破榫,卓面最好能留有1.5至2cm厚。

破榫製作

1 桌腳和榫孔都完成後,就可先試組裝,這時候可作上記號,這樣一來,上膠組合時,才會與試組裝時的安排一樣。

2 準備破榫組時,桌腳需先鋸出一道約2cm長的溝槽放楔片,溝槽與楔片請參照P.44兒童凳的「圓榫與楔片」製作。完成後即可上膠組裝。

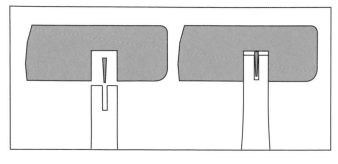

3 破榫示意圖。楔片長約為2cm,一端為1mm厚,另一端為2mm厚,因為桌腳榫頭會被楔片撐開後固定,比較難預知會停在哪個深度,所以榫頭長度會作得稍長些,使它成為造型的一部分(本例作了3.5cm長),可能會外露的部分需砂磨。

Kid Stool 兒童凳

練習重點

雙色圓桿
車製椅面
單斜椅腳及榫孔的製作
圓榫與楔片

難度：★☆☆☆☆
完成尺寸：高 25.5cm ×長 31cm ×寬 31cm

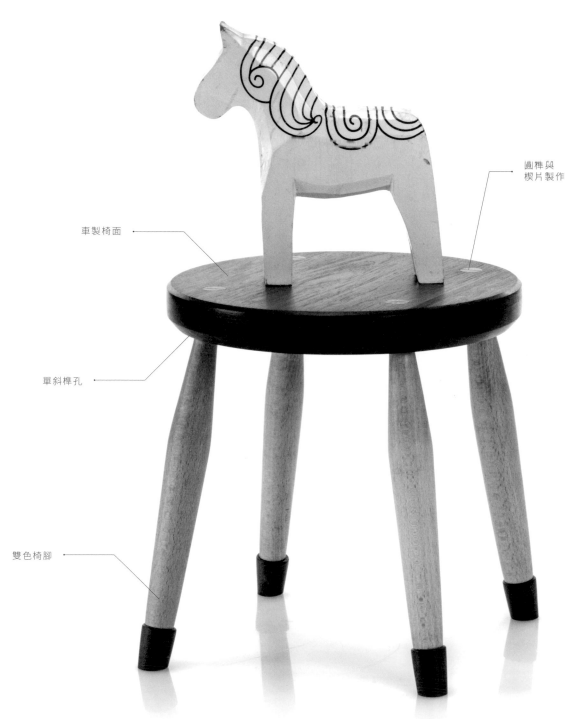

圓榫與
楔片製作

車製椅面

單斜榫孔

雙色椅腳

材料 & 尺寸圖

延續上一個作品的想法，一塊板加上四枝圓桿也可成為一個最簡單的凳子。並不是所有桌椅都是 90 度的腳，這個作品嘗試單斜椅腳的作法，同時也嘗試作出雙色椅腳，深色的椅腳部分彷彿為椅子穿了襪子，為兒童家具增添趣味與變化。

材料表（備料尺寸包含廢料，非完成尺寸）

編號	項目	數量	尺寸（長×寬×高/厚）
1	椅腳	4	28.5cm×3.5cm×3.5cm
2	椅面 *	1	26cm×26cm×3.5cm
3	椅腳底拼接 **	4	5cm×3.5cm×3.5cm
4	4 片楔片 ***	1	5cm×3cm×1.6cm

* 若椅面必須以兩塊板拼接，拼板步驟請詳 P.100 或 P.134。
** 挑選的木料顏色會決定拼接好後的效果。
*** 備料尺寸為一整塊木頭，楔片於製作時再裁切。

尺寸圖（單位：cm）

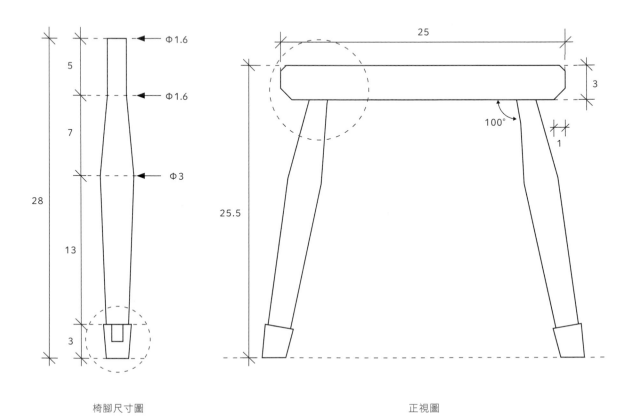

椅腳尺寸圖　　　　　　　　　　　　正視圖

How to make 🪑

步驟順序：車製椅腳／車製椅面／單斜榫孔／圓榫與楔片製作

車製椅腳

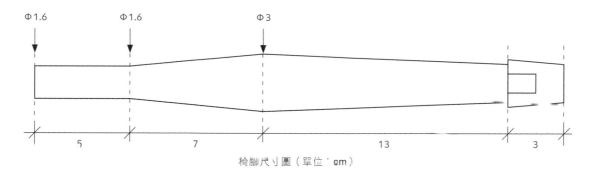

椅腳尺寸圖（單位：cm）

STEP 1

雙色椅腳由椅腳與椅腳底拼接而成。本範例選用山毛櫸木料來製作出椅腳的部分。

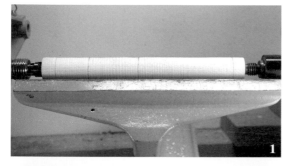

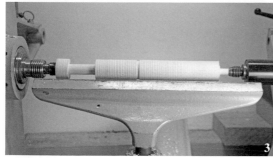
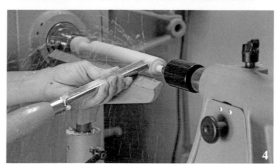

1 標出榫頭與最大直徑位置。

2 以分鑿車出定位溝槽及上、下榫頭，榫頭不會露出的部分不需要砂磨，可直接車至預計的尺寸。

3 比溝槽高的部分即為廢料。

4 以粗鑿將廢料車掉。因為線條造型沒有太多變化，可使用粗鑿車出外形。

5 砂磨後這個階段即完成。

STEP 2 因為要作雙色椅腳，所以剛才的椅腳下端預先留了一個1cm直徑的榫頭。本範例中，椅腳底的木料挑選胡桃木，希望能與淺色的山毛櫸產生對比效果。

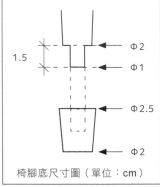

椅腳底尺寸圖（單位：cm）

1 先將材料車圓，並在一端車出一個寬約8至10mm，直徑可讓夾頭夾得住的圓。

2 夾上夾頭後，先鑽榫孔。在鑽頭15mm處貼上膠帶，鑽出的深度就會符合預期。

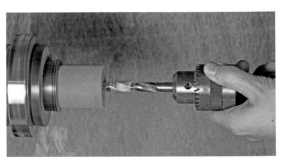

3 鑽孔的時後，車床轉速介於800至1000 rpm，不宜過快。另須注意木料要鑽孔的面是否平整。

4 兩端以分鑿車出需要的直徑（比預計尺寸大1mm），再以粗鑿將高於溝槽處的廢料車掉。

5 完成砂磨後，再以分鑿切斷，即可與椅腳拼接黏合。

車製椅面

小叮嚀

· 板料要架到車床上之前，需要先黏一塊廢木或夾板，請詳P.101。
· 如果需要以兩塊板拼製，請詳P.100（止方栓邊接）或P.134（蝴蝶鍵片）。

STEP 1 先車平椅面，再進行砂磨，並標出椅腳的榫孔位置。

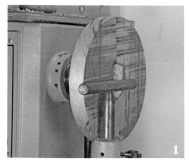

1 將板料以小圓盤架到車床上後，先將直徑車至需要的尺寸。**不要使用粗鑿**，以碗鑿車較安全。

2 車至需要尺寸後，以刮鑿或碗鑿將椅面車平。

3 標出需要倒角的的位置。

4 以碗鑿車出倒角。

5 椅面的倒角3至5mm左右即可，不需太多。

6 椅面底部的倒角也以同樣的方法作出來，接著進行砂磨。

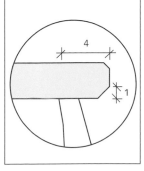

7 完成砂磨後，在車床上不要忘了標出四隻椅腳的榫孔位置。如圖，從圓心畫出一個十字，並在距離邊緣4cm處畫一圈。

How to make

STEP **2** 椅面雖然已經車平且車出倒角，但椅面底部還需要進行一些處理。

 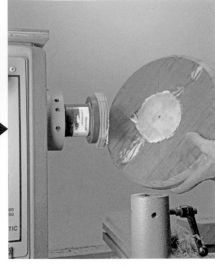

1 黏夾板時如果中間加了一張報紙，這時就可以鑿刀將椅板和夾板分開。接下來，椅面底部還需要處理。

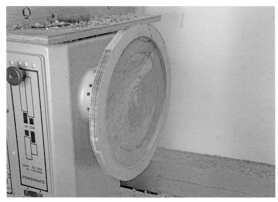

2 找一30×30 cm的五分或六分夾板，裁圓鎖在小圓盤上，注意螺絲長度，以椅面的直徑大小車一個深約5mm的凹，注意不要車至螺絲。

3 以頂針將椅面固定好，並以熱熔膠固定，熱熔膠的量可多一些，這樣要拿下來時會比較容易將膠撕下來。若手邊沒有這種平頭頂針，可在頂針前墊一塊布，避免在椅板上戳出孔洞。

4 以刮鑿或碗鑿車平。建議頂針還是頂著車，轉速不宜太快。

5 即使頂針沒有退出，還是可將大部分車平。

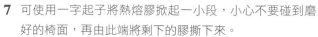

6 頂針退掉後以刮鑿或碗鑿車平。轉速還是不宜太快。完成後不要忘了砂磨。

7 可使用一字起子將熱熔膠掀起一小段，小心不要碰到磨好的椅面，再由此端將剩下的膠撕下來。

單斜榫孔

1 首先將電鑽座調到10度的位置，並將電鑽座上的記號與剛剛畫的線對齊，鑽頭對準標記的榫頭位置。

2 避免鑽洞時電鑽座會晃動，可以一塊夾板靠著並將夾板夾緊。如果電鑽座前端有一部分沒有靠到，可加幾塊板，讓電鑽座能穩定地放在椅面上。

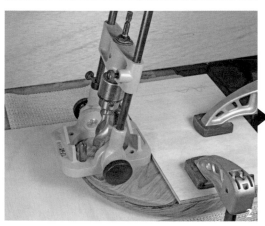

圓榫與楔片製作

> **小叮嚀**
>
> 圓榫加上楔片是一個不複雜又可增加接合強度的方法。本書中有好幾件家具都會應用到此作法。楔片&椅腳榫頭&椅面的木紋不可平行,90度到45度均可。接下來的步驟都會受這個規則影響。

STEP 1 在椅腳榫頭上鋸出溝槽,預備敲入楔片。

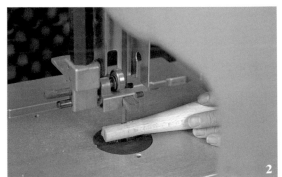

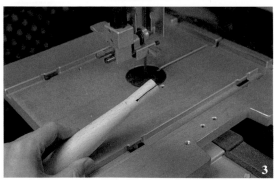

1 在距離頂端4cm處以3mm鑽頭在椅腳中間鑽一個洞。

2 從中間以帶鋸機鋸開,到剛才鑽的圓孔停止。

3 步驟1先鑽出直徑3mm的圓孔,可避免楔片敲進榫頭時椅腳裂開。

STEP 2　組裝椅腳與椅面，最後敲入楔片，並將多餘的榫頭鋸除。

1 試組裝：上膠前先試組裝，這時可決定椅腳木紋方向。決定好後，以鉛筆作上記號，如圖中 A-A，這樣組裝時可清楚知道椅腳的方向和榫頭深度。

2 楔片：楔片長約5cm，一端約5mm厚，另一端約1.5mm厚，雖然是一片薄片，但是備料時最好以一塊木頭在帶鋸機上裁切會比較好處理。

3 凳子上膠後再將楔片敲進去即可。

4 膠乾後以細工鋸將多餘的榫頭鋸掉，再將椅面砂磨後即完成。

03
Shaker Chair

夏克風風格椅　難度：★★☆☆☆
完成尺寸：高 95cm × 長 44cm × 寬 44cm

練習重點

使用紙藤編製椅面
曲木椅背及方榫製作
木工車床多功能支撐架運用
以治具在圓桿鑽 90 度榫孔

椅背

椅面

榫孔定位

椅腳及橫撐

材料＆尺寸圖

夏克風（Shaker）風格椅為一張 90 度桿件結合的椅子，這個練習挑戰車製長圓桿，並試著作一張有靠背的椅子。椅背的部分可以圓桿製作，亦可以曲木完成，各有不同的效果。本作品以曲木製作椅背，P.60「高腳椅」則介紹圓桿椅背製作。

材料表 （備料尺寸包含廢料，非完成尺寸）

編號	項目	數量	尺寸（長 × 寬 × 高 / 厚）
1	前腳	2	50.5cm×4cm×4cm
2	後腳	2	97cm×4cm×4cm
3	背撐（曲木）	9	45cm×6.5cm×0.4cm
4	橫撐 （上）	4	44cm×2.8cm×2.8cm
5	橫撐 （中）	4	44cm×2.8cm×2.8cm
6	橫撐 （下）	2	44cm×2.8cm×2.8cm
7	紙藤 *		約 125 碼

＊紙藤最短販售長度依廠商產品規格而定。

尺寸圖 （單位：cm）

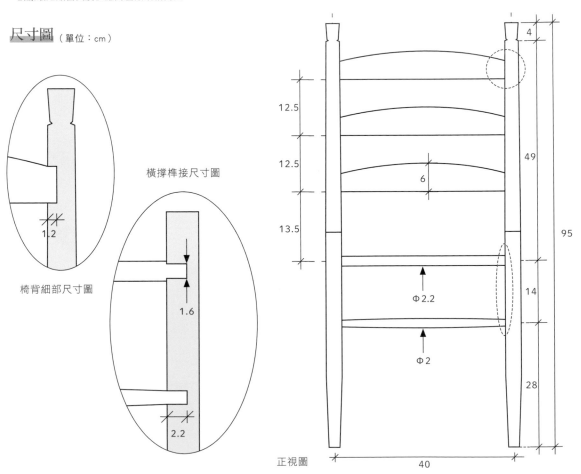

椅背細部尺寸圖

橫撐榫接尺寸圖

正視圖

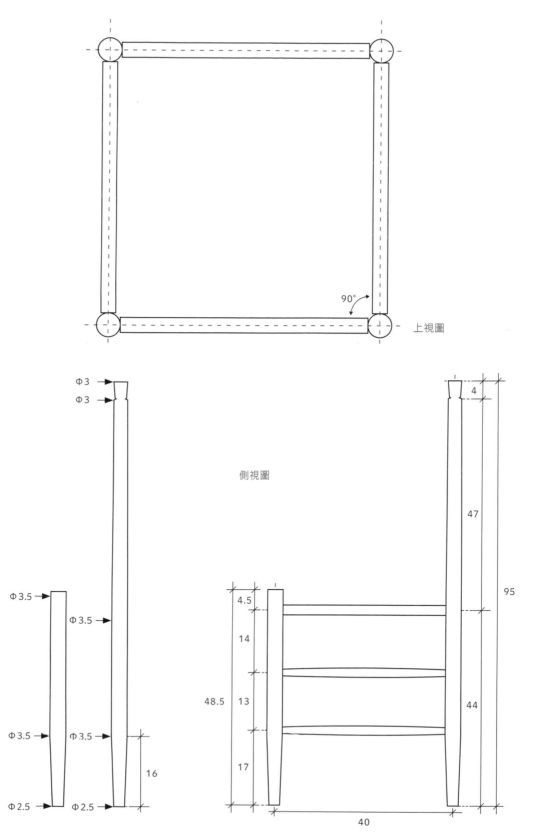

上視圖

90°

側視圖

Φ3
Φ3

4

47

95

Φ3.5
Φ3.5

4.5

14

Φ3.5
Φ3.5

48.5

13

44

17

16

Φ2.5
Φ2.5

40

🪑 How to make

步驟順序：椅腳及橫撐／榫孔定位／椅背製作／椅面編織

椅腳及橫撐

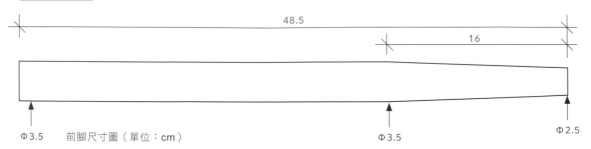

Φ3.5　　前腳尺寸圖（單位：cm）　　　　　　　　　　　Φ3.5　　　　　　　　Φ2.5

STEP 1　依前腳的造型，可將它分為兩部分：一為直徑3.5cm的圓桿，另一個是在下端16cm處圓桿慢慢縮減為直徑2.5cm的圓桿。

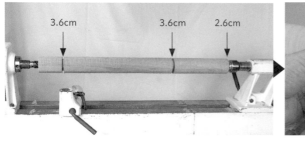

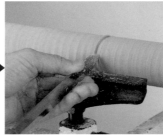

1 將材料以粗鑿車圓後，以分鑿將頭尾及16cm處的直徑車出來。這個階段車至比預計多1mm。

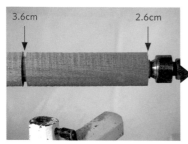

2 從下端開始作，比剛剛作的幾個溝槽多的部分，可很快地以粗鑿車掉，這時可將車刀架調整到與要車的部分平行，可幫助車出需要的線條。如果有需要，可在接近完成面的時候換用刮鑿，將線條修平順。

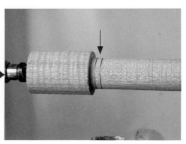

3 前腳上半段（直徑3.5cm）也是以同樣的方式處理。完成後，量出所需的長度並標出5mm寬要作前腳頂端圓弧的位置。

4 以分鑿將廢料
部分車小（直
徑約1cm）。

1cm

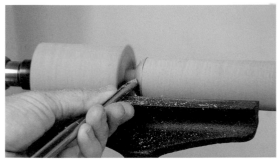 

5 以小圓鑿作出圓弧。

6 內側部分小圓鑿無法處理，改用斜鑿，注意不要
切斷！完成砂磨後，前腳就算是完成了。

STEP
2

後腳的作法與前腳類似，一樣可將它分為兩部分：一為直徑3.5cm的圓桿，另一部分是
在下端16cm處慢慢縮減為直徑2.5cm的圓桿。因為長度較長，在車床上轉動時會發生震
動的情形，需要使用木工車床多功能支撐架來幫助穩定。然而，支撐架並非萬能，亦須
配合操作者的力道並隨時維持刀子的鋒利。市面上的支撐架有幾個不同廠牌，也有些木
工同好會自己DIY製作，其原理類似。

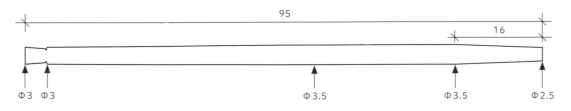

95

16

Φ3　Φ3　　　　　　　　　　Φ3.5　　　　　Φ3.5　　　Φ2.5

後腳尺寸圖（單位：cm）

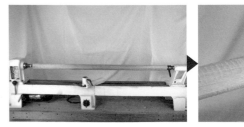  

1 先將材料車至約八成圓，接著在中間的位置車出一段正圓，寬度視支撐架需要而定。繼續往下進行之
前，先將支撐架架設好。

2 和前腳製作一樣，先以分鑿車出比預計直徑大1mm的溝槽。

3 有了步驟2作出來的溝槽，就能很快地將廢料車掉。

4 支撐架的另一邊也是以一樣的方式處理。因為要將支撐架換到車刀架的另一邊，會稍微有點麻煩，但並不困難。

5 重複上述動作，後腳雛形就呈現出來了。

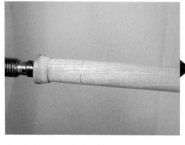

6 後腳上端裝飾車製：先以鉛筆標出需要車製的位置。以小圓鑿將上大下小的雛形作出來。兩端再以斜鑿定位出來，此時未達預計尺寸。

7 雛形出來後，再重複上述動作，慢慢就可作出需要的尺寸。和前腳一樣，這個階段不要切斷，完成砂磨後，後腳即完成。

How to make

STEP **3**　這張椅子的橫撐有兩種：一是頭尾直徑一致的直桿，另一是中間大、兩端小的弧狀橫撐。直桿部分依照本範例的尺寸圖，並參照P.24至P.25「如何車圓榫」&「如何車圓桿」的步驟即可完成，此處不再重複敘述。以下是弧狀橫撐的作法說明。

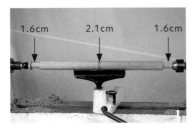  

1 將材料車圓後，先將兩端榫頭車出來，因為榫頭不需砂磨，可直接車至預計大小，並將橫撐中間車至2.1cm。

2 接下來將兩溝槽之間的廢料車除，車的時候稍微作一些弧度即可。

3 再作另一邊，車的時候要看一下右側已完成的弧度，讓兩邊的弧度差不多。過程中如果有需要，以游標卡尺量一下直徑，檢查兩邊的弧度是否接近。完成後砂磨即可。

榫孔定位

STEP **1**　利用游標卡尺與角尺，標示出所有的榫孔位置。

 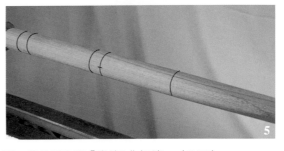

1 先依照圖上尺寸，在橫撐上將榫孔高度的位置畫一圈，畫線請參閱「畫線&作記號」（P.23）。

2 將車刀架調到與車床軸心一樣高，即為半圓位置（參閱P.26「榫孔定位」），畫上橫線，此交叉點即為榫孔位置。

3 以游標卡尺量出圓桿直徑，除以2即得半徑（不要轉動椅腳）。

4 找出另一榫孔的位置，因為兩橫撐互為90度，所以現在要標出的點與剛才畫的榫孔位置互為90度。如圖所示以兩把角尺，標出剛才量的半徑。

5 這時與高度位置線的交叉點即為另一個榫孔位置。重複上述流程，即可標示出所有榫孔。

STEP 2

以手持電鑽加上電鑽座來鑽孔，鑽之前要轉動椅腳，讓鑽頭、榫孔記號、圓桿圓心連成一直線 。這部分也可使用鑽床來作，作法請參閱P.106步驟4。

1 以兩把角尺來檢查椅腳在電鑽座上的位置是否正確，細節請詳見「榫孔定位」（P.26）。

2 將電鑽座調整在0度位置，並將所需要鑽的深度定出來。

3 重複上述步驟將每個孔鑽出，即為所需要的榫孔。

小叮嚀

圖左：榫孔記號與圓桿圓心連起來的線與鑽頭成一直線 ，榫孔在正中。

圖右：榫孔記號與圓桿圓心連起來的線與鑽頭沒有成一直線，榫孔是歪的。

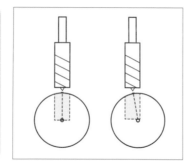

椅背製作

STEP 1

所有桿件及榫孔完成後，先試組裝，才能繼續作椅背的部分。在將薄板黏合之前，需要作一個型版，讓三個椅背都有相同的曲度。首先測量出兩後腳之間的距離，並畫出一個1：1上視圖，這樣一來就能知道型版的弧度。

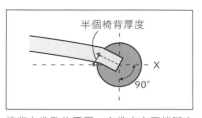

椅背方榫孔位置圖：方榫中心距椅腳中心軸 X 為半個椅背的厚度

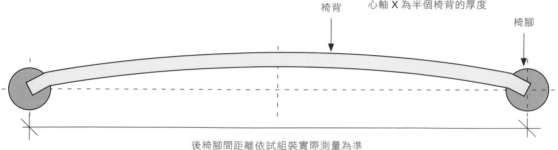

後椅腳間距離依試組裝實際測量為準

How to make 🪑

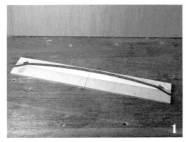

1 將上一步驟畫的圖黏在二分夾板上，並以帶鋸機依椅背的曲線裁開。

2 將數片夾板裁出型版的造型，並在椅背曲面那一邊多留約1至2mm。確認疊起來能達到所需要的高度6.5cm，再將它們黏合起來。注意，步驟1的夾板不要黏上。膠乾後，以後鈕刀修出需要的弧線，這也是要多留1至2mm的原因。

3 上方已修出所需要的線條。

4 下方修不到的部分，將型版翻過來，改以修邊刀修。

STEP 2 椅背是以曲木的方式製作，若手邊沒有辦法準備4mm薄板，可向建材行訂購。每一個椅背由三塊薄板黏合而成。過程中會以溫控電烙鐵將板料稍稍彎曲。

1 先以濕布擦拭薄板，讓它略為潮濕。

2 接著將薄板燙熱，過程中不斷移動並施加一點壓力，讓薄板彎曲。

3 圖中可看到燙過後薄板彎曲的狀況。

4 薄板上膠，並夾在STEP1完成的型版上

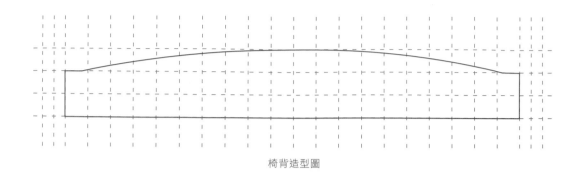

椅背造型圖

5 這時需要將椅背造型畫出來。已經有弧度和高度,長度則必須量後腳間的距離,並畫在椅背材料上,同時也要畫在紙上,方便複製在另外兩個椅背材料上,並以帶鋸機裁下。

 STEP 3 為了將椅背固定椅子上,需要在椅腳上作出榫孔。製作榫孔時請留意尺寸及位置。

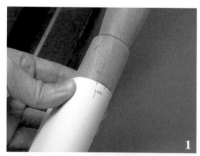 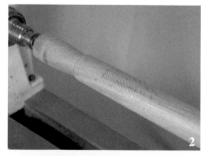

1 因為黏好的椅背厚度實際測量為14mm,故榫孔位在距圓柱中心7mm。請參閱P.54椅背製作。

2 斜線部分即為榫孔位置。

3 將椅腳固定在治具上,以手持電鑽鑽孔,並以旁邊的角尺檢查角度是否為90度。

4 鑽完孔後的狀態如圖中椅腳左側,右側則為以鑿刀修平後的方形榫孔狀態。

5 椅子組裝完後，以3mm鑽頭在每片椅背兩側各鑽出兩個孔，並打上木釘以增加強度。椅子架構至此就算是大功告成。

椅面編織

 STEP 1 開始編織椅面之前，椅子先上膠組裝好，並完成塗裝。買來的紙藤要先整理成小捲，一開始編織就要注意捲繞方向。

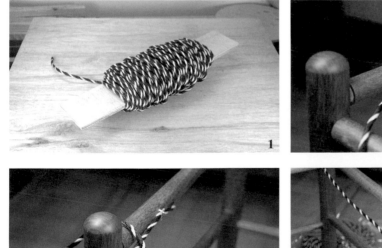

1 紙藤買來時為一大綑，要先分小捲整理。找一木板或紙板，將紙藤繞上去，不需要繞太大捲，適中即可。

2 將紙藤的一端釘在左上撐內側，這樣編好後，固定點就會被藏在裡面，不會露出來。

3 由左前開始，由上方繞過前上撐，再由上方繞過左上撐。

4 接著將紙藤拉到右前邊。由上方繞過右上撐，再由上方繞過前上撐。

STEP 2 重複依序編織，直至完成。若紙藤不夠長，可在椅面下方與另一段紙藤打結。

1 整個編織順序如下：左前前撐→左前側撐→右前側撐→右前前撐→右後後撐→右後側撐→左後側撐→左後後撐→左前前撐。以此類推，而且都是由上方繞過橫撐一圈。

2 當紙藤不夠長時，重複STEP1的步驟1，並與椅面上的紙藤尾端接上，在椅面下方打結，然後繼續編織椅面。

3 椅面中間的空間會愈來愈小，所以每一次整理紙藤時，大小需要適中，避免發生繞不過去的狀況。

4 當整個椅面編滿，在椅面下方將尾端與鄰近紙藤打結，整張椅子即大功告成。

橫撐為什麼有高有低？

鄰近的橫撐有高低差，榫頭在榫孔內
才不會互相牴觸。本書中椅子的橫撐
都是前後較低，左右較高。這樣的安
排可讓使用者坐下來的時候，兩腿下
方位置比起左右兩側較低，這樣坐起
來會舒服些。

Bar Stool 高腳椅

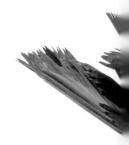

練習重點

以背帶編製椅面及椅背

難度：★★☆☆☆
完成尺寸：高 92cm × 長 43cm × 寬 43cm

背帶編製椅面及椅背

高腳椅除了高度之外，框架與夏克風風格椅類似，都是以 90 度的圓榫結合，讀者可依著圖面尺寸試著完成，本單元不再重複描述製作過程。除了椅面高度之外，還可試著增加一些變化，本範例就將椅背的形式改成圓桿，並以背帶來編織椅面及椅背。

材料表 （備料尺寸包含廢料，非完成尺寸）

編號	項目	數量	尺寸（長 × 寬 × 高 / 厚）
1	前腳	2	63cm×3.5cm×3.5cm
2	後腳	2	94cm×3.5cm×3.5cm
3	背撐	2	43cm×2.8cm×2.8cm
4	橫撐（上）	4	43cm×2.8cm×2.8cm
5	橫撐（中）	4	43cm×2.8cm×2.8cm
6	橫撐（下）	4	43cm×2.8cm×2.8cm
7	海綿 *	2	50cm×50cm×5cm
8	3.8cm 寬背帶約 29 碼 **		

＊ 廠商海綿尺寸規格如較大，則需自行裁切。

＊＊ 背帶長度需以椅子實際完成尺寸來計算。

尺寸圖 （單位：cm）

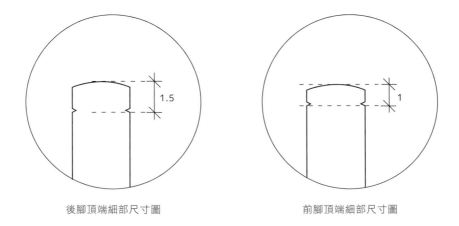

後腳頂端細部尺寸圖　　　　　　　前腳頂端細部尺寸圖

材料＆尺寸圖

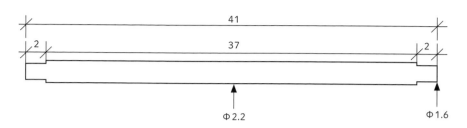

横撐（上）及背撐尺寸圖

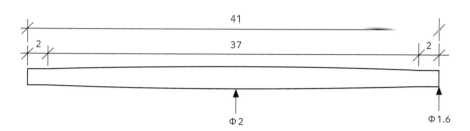

横撐（中）及（下）尺寸圖

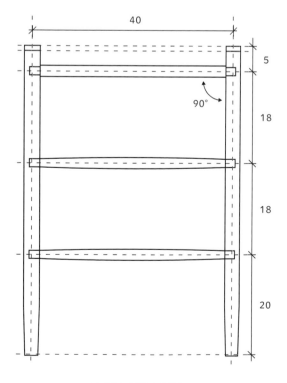

高腳椅正視圖（前）

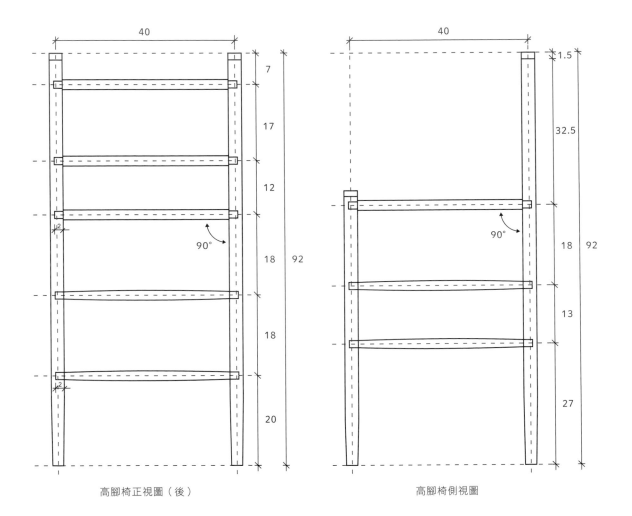

高腳椅正視圖（後）　　　　　　　　高腳椅側視圖

材料 & 尺寸圖

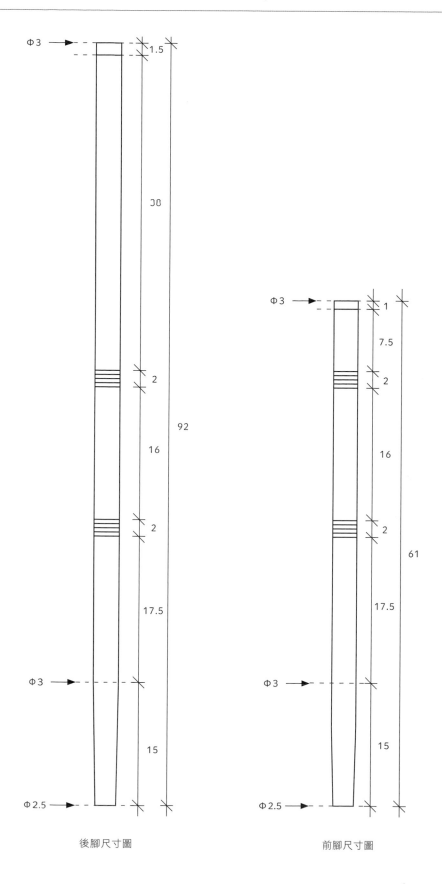

Φ3 → 1.5

30

Φ3 → 1

7.5

2

92

16

2

Φ3 →

15

Φ2.5 →

後腳尺寸圖

Φ3 → 1

7.5

2

16

2

61

17.5

Φ3 →

15

Φ2.5 →

前腳尺寸圖

How to make

步驟順序：椅子框架的製作請參照夏克風風格椅。本章重點為背帶編製椅面及椅背。

不同於前一章夏克風風格椅的作法，高腳椅的椅背我們以圓桿來製作，以圓榫來結合，將高腳椅的框架組裝起來。待膠乾、塗裝完成之後，就可準備進行椅面和椅背的編製。

背帶長度計算

以本書示範的椅子為例：

椅面 3.8cm寬的背帶會橫向繞椅面10圈，再加上縱向也是繞10圈，共為20圈，椅面長寬均為43cm，加上橫撐厚度，因此以44cm計算，一圈約為88cm。

$$88cm \times 20 = 1760cm$$

椅背 背帶橫向繞椅背4圈，椅面寬度一樣以44cm計算，一圈為88cm。

$$88cm \times 4 = 352cm$$

背帶縱向繞椅背10圈，縱向長度約19cm，加上橫撐厚度，就以20cm計算，一圈為40cm。

$$40cm \times 10 = 400cm$$

所需背帶長度

$$1760cm + 352cm + 400cm = 2512cm$$

$$2512cm \div 90cm = 27.9 \text{碼}$$

買的時候建議多加一碼，即29碼，以防長度不夠使用。

椅面編製過程

1 　依椅子框架大小將海綿裁成適當尺寸。

2 　以集線釘（亦可使用鐵釘）將背帶的一端固定在框架內側，本範例從椅子的左後側開始編起。

3 　開始將背帶寬鬆地繞在框架上。

4 　繞了四、五圈後，再將海綿放上去，並稍微整理一下背帶，讓背帶稍稍繃緊在框架上。

5 　重複前述動作直到背帶覆蓋全部椅面。

6 　將背帶整理好後，即可將背帶剪斷。此處要將背帶尾端釘在椅面下方。

7 　接下來進行縱向編製。 一樣從椅子底面開始，以一上一下的方式纏繞。

8 　椅面上方也以相同的方式進行編製。

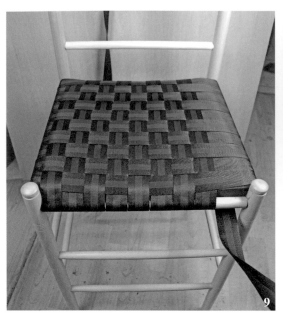

9　編製過程中也要整理一下背帶。

10　編完時,先將尾端在適當長度處剪斷,並將它釘在椅面底部。稍長的部分,可塞到橫向背帶下方。

11　尾端固定好後,就由尾向頭拉緊,將縱向背帶做最後整理,在適當長度將頭端剪斷,固定。

椅背編製過程

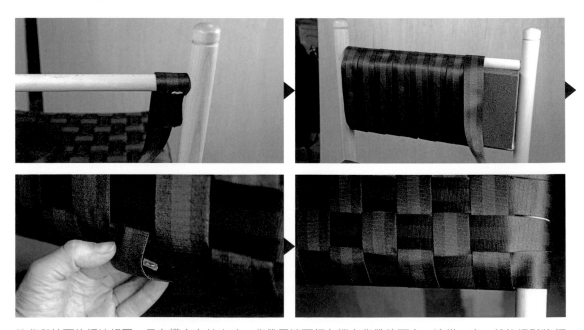

椅背與椅面的編法相同,只有橫向在結束時,背帶尾端可釘在縱向背帶的下方,這樣一來,就能輕鬆將釘子遮起來。

口字・日字・目字形結構

本書的桌椅中，部分作品使用了好幾枝橫撐與背撐，呈現出口字形、日字形甚至是目字形的結構，這樣的結構能讓家具更加牢固。其中兒童桌與兒童凳高度較低，所以沒有橫撐設計也OK。

藤皮椅面

框架組裝

05
Rattan Bench

方凳

難度：★★☆☆☆
完成尺寸：高 43cm × 長 59.4cm × 寬 40cm

練習重點

藤皮椅面
框架組裝

材料 & 尺寸圖

車圓桿是木工車床入門很基本的一個練習。與前面兩個作品類似，也是將數枝圓桿以圓榫結合起來，組成一張凳子。置物區的桿件較多，組合時也比較有挑戰性。建議榫頭與榫孔尺寸最好相差 0.3mm，這樣的作法比較容易組裝，且因為組裝時使用木工膠，無須擔心不牢固。

材料表 （備料尺寸包含廢料，非完成尺寸）

編號	項目	數量	尺寸（長 × 寬 × 高 / 厚）
1	凳腳	4	45cm × 4.5cm × 4.5cm
2	前後撐（上）	2	58.5cm × 2.8cm x 2.8cm
3	前後撐（下）	2	58cm × 2.5cm × 2.5cm
4	側撐 （上）	2	39cm × 2.8cm × 2.8cm
5	側撐 （下）	2	39cm × 2.8cm × 2.8cm
6	置物區橫桿	8	26cm × 2cm × 2cm
7	藤皮（6mm 寬）*	2kg	

* 藤皮購買時以重量計價。

尺寸圖 （單位：cm）

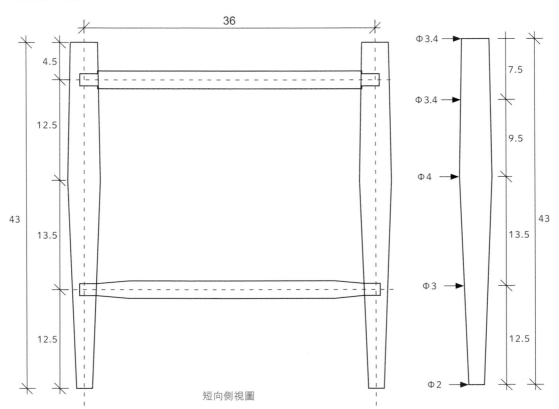

短向側視圖

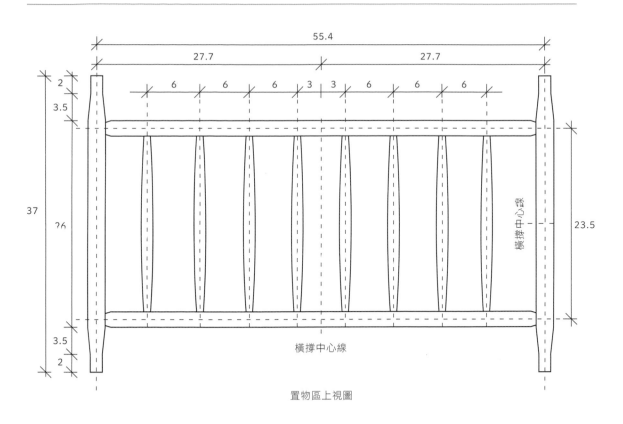

置物區上視圖

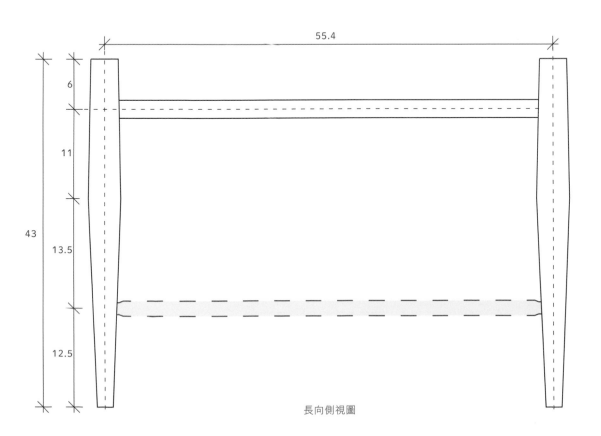

長向側視圖

前後撐（上）尺寸圖

前後撐（下）尺寸圖

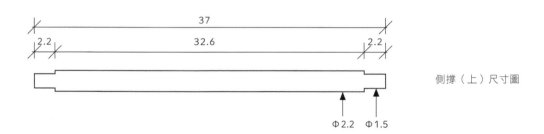

側撐（上）尺寸圖

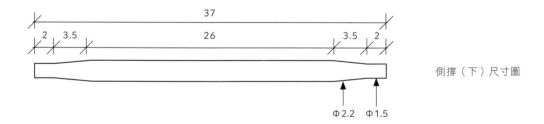

側撐（下）尺寸圖

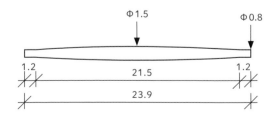

置物區橫撐尺寸圖

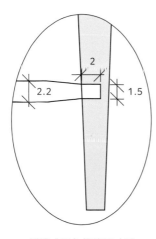

側撐（下）榫接尺寸圖

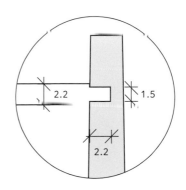

側撐（上）＋前後撐（上）榫接尺寸圖

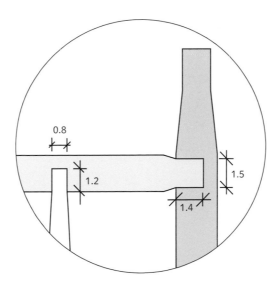

置物區榫接尺寸圖

⊞ How to make

步驟順序：方凳也是圓桿以 90 度組合而成，圓桿的製作方法與夏克風風格椅相同，本單元不再重複說明（參閱 P.50）。本章重點為以藤皮編製椅面。

小叮嚀

方凳的桿件造型、榫頭及榫孔並不複雜，只要依照提供的尺寸，參照夏克風風格椅的車製方式即可。但數量較多，需要多一些耐心進行車製。至於椅面，本範例選擇以6mm寬藤皮編製。不同於前，這是一張沒有靠背的凳子。請依照圖面尺寸組合零件，膠合塗裝完成後，接著就開始編織椅面。

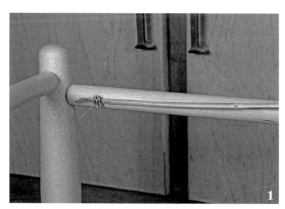

1

2

特寫圖

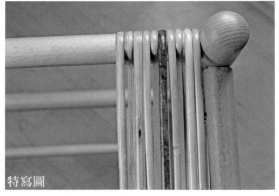

特寫圖

1 將藤皮以集線釘固定在後撐上的內側，這樣完成後就被包在內部，不會露出來。

2 先繞長向，本範例是每繞兩圈長向，就繞一圈橫撐。藤皮不夠長時以訂書機將兩條接合。

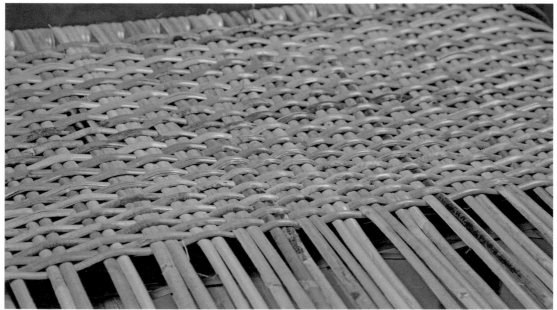

3 短向換一種方式，以兩條在上兩條在下的方式進行。編到後來會愈編愈緊繃，可找一些手邊的工具來幫助編製，圖中使用牛油刀使編織更順利，也可使用尖嘴鉗讓穿拉更省力。編好椅面後，作品即完成。

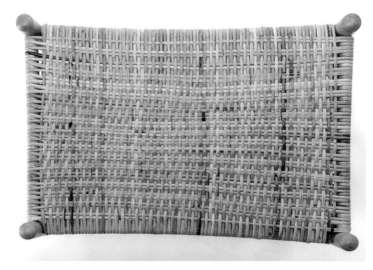

06

Doggy Bed

狗床

練習重點

造型圓桿
框架組裝

難度：★★☆☆☆
完成尺寸：高 24cm × 長 55.5cm × 寬 71.5cm

車製床腳

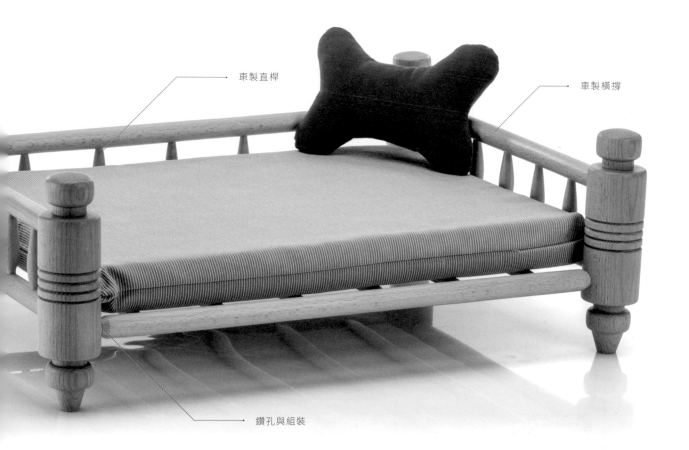

車製直桿

車製橫撐

鑽孔與組裝

狗床的結構不複雜,但是桿件算是多的,這個作品的練習難度倒不是在車床技法上,而是難在要有足夠的耐心來製作。為了家裡的汪汪,就耐著性子動手 DIY 吧!本單元示範的作品尺寸,可置放 60cm×45cm×5cm 的寵物床墊。

材料表(備料尺寸包含廢料,非完成尺寸)

編號	項目	數量	尺寸(長×寬×高/厚)
1	床腳	4	26cm×7cm×7cm
2	橫撐(短)	4	49cm×3cm×3cm
3	橫撐(長)	3	65cm×3cm×3cm
4	橫撐(底)	6	55cm×2cm×2cm
5	直桿	15	11cm×2.5cm×2.5cm

尺寸圖(單位:cm)

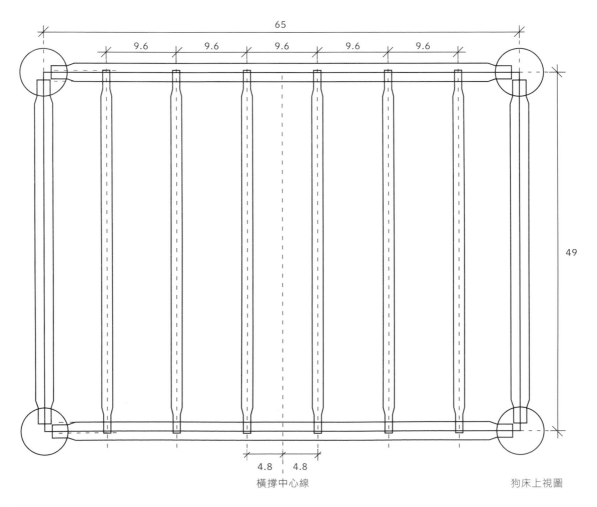

橫撐中心線　　　　　　　　狗床上視圖

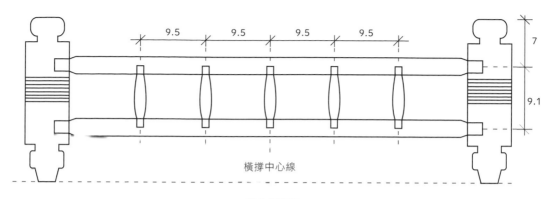

橫撐中心線

長向側視圖

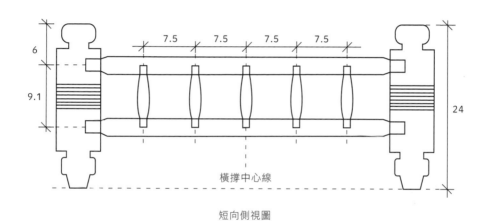

橫撐中心線

短向側視圖

90°

床腳細部尺寸圖

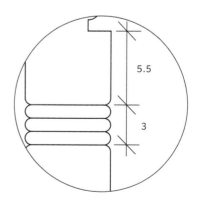

床腳細部尺寸圖

步驟順序：車製床腳／車製橫撐／車製直桿／鑽孔與組裝

車製床腳

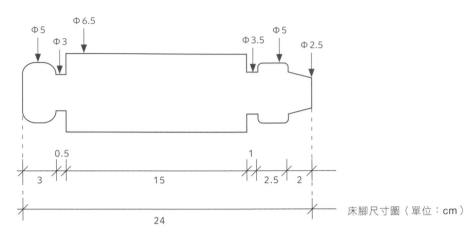

床腳尺寸圖（單位：cm）

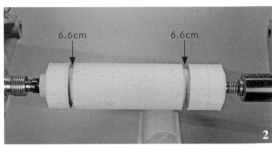

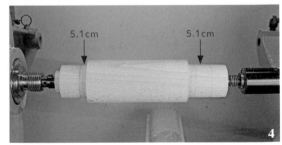
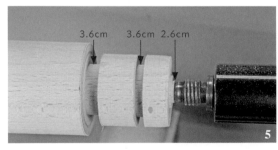

1 先將材料車成圓柱。接著依照圖上尺寸，標示出幾個主要位置。

2 以分鑿將中間直徑**6.6cm**的圓桿頭尾定位出來。

3 以粗鑿及碗鑿將兩端車至直徑**5.1cm**。

4 接著將細節尺寸標示出來。

5 以分鑿車出端點直徑。溝槽即尺寸大小的參考，讓接下來的車削有參考依據。

6 以碗鑿塑形，造型的雛形慢慢出現。

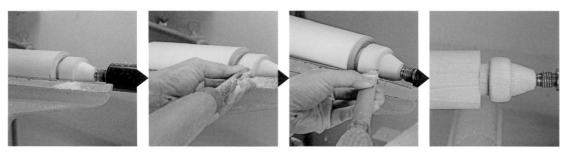

7 這時床腳下端部分雛形已經出現，只需倒角並將線條稍微修飾一下即可。這部分可使用斜鑿、小圓鑿或碗鑿來製作。

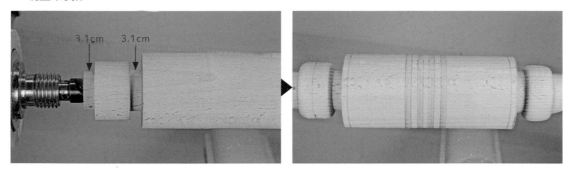

8 床腳上端也以相同的步驟製作，只需注意尺寸大小即可。

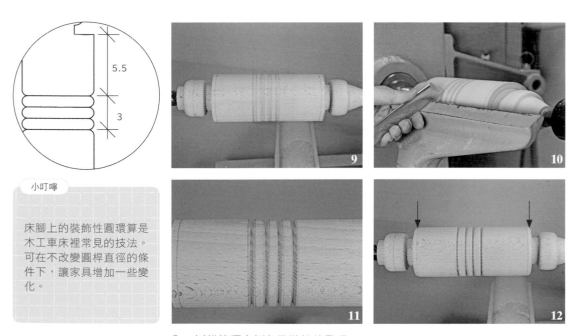

小叮嚀

床腳上的裝飾性圓環算是木工車床裡常見的技法。可在不改變圓桿直徑的條件下，讓家具增加一些變化。

9 以鉛筆標出倒角及裝飾的圓環。

10 以斜鑿車出V字溝。

11 V字溝完成後，以倒角方式將線條處理為柔和些。

12 最後作出上下倒角即完成。

車製橫撐

本作品有三種不同的橫撐尺寸,但其造型就如同P.24 及P.25示範的圓桿及圓榫的作法,並於圓桿兩端車出斜角即完成。圓桿部分就不再重複說明,此處示範斜角的作法。

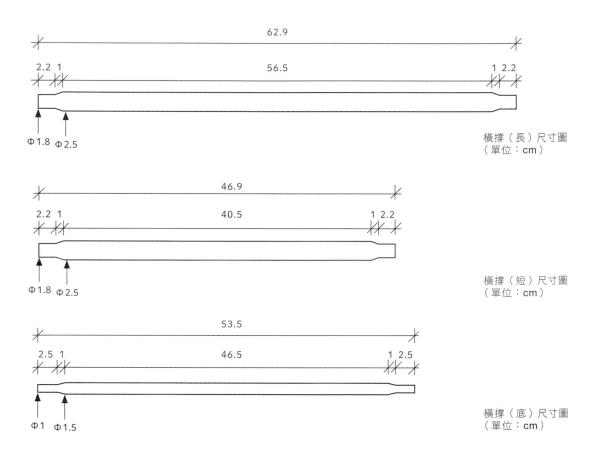

62.9

2.2 1   56.5   1 2.2

Φ1.8   Φ2.5

橫撐(長)尺寸圖
(單位:cm)

46.9

2.2 1   40.5   1 2.2

Φ1.8   Φ2.5

橫撐(短)尺寸圖
(單位:cm)

53.5

2.5 1   46.5   1 2.5

Φ1   Φ1.5

橫撐(底)尺寸圖
(單位:cm)

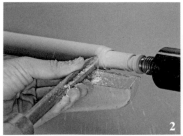
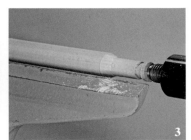

1 先標出斜角的位置。

2 以碗鑿車出直線斜面。

3 只需注意小直徑那一端不要車到榫頭即可。

How to make

車製直桿

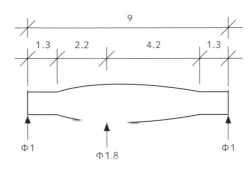

直桿尺寸圖（單位：cm）

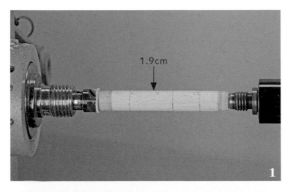

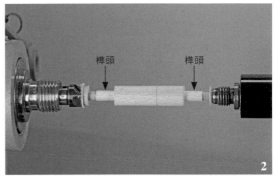

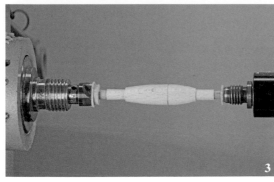

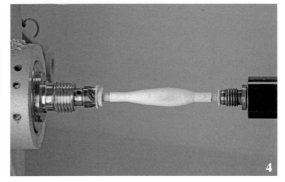

1 先將材料車成直徑**1.9cm**的圓桿，再將幾個轉折的尺寸標示上去。圖中鉛筆陰影為廢料。

2 依標示，將榫頭車出來。

3 最大直徑處已經差不多是需要的尺寸，只需以粗鑿將兩端車小。

4 以碗鑿或刮鑿將線條修順後，就可進行砂磨。

鑽孔與組裝

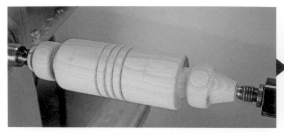

1 除了直桿及橫撐（底）不必鑽榫孔之外，床腳與橫撐都要鑽榫孔。榫孔位置建議在車床上標示會比較方便。榫孔定位及鑽孔步驟請參閱P.26「榫孔定位」，及夏克風風格椅（P.53）。

2 榫頭比榫孔小約0.3mm 會比較好組裝，特別是這種多桿件的作品中，感覺特別明顯。

3 最後，為了毛孩子的健康，建議使用符合食用規格的塗裝，避免誤食。

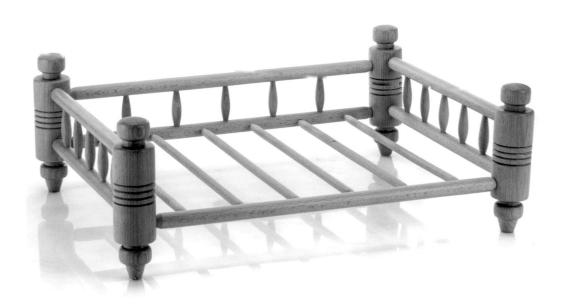

木器塗裝

塗裝不僅可保護木器，更可讓木頭增色並凸顯木紋。

一般的選擇不外乎是漆、油、蠟等三種，

通常視使用者的需求來決定。

若是食器，就一定要考量到是否為食用規格，以免誤食。

也可依不同效果選擇不同塗裝，

有些漆會將木紋覆蓋，有些則是凸顯木紋。

以本書P.30兒童桌為例，

蠟漆除了提供顏色變化之外，同時還可感受到木紋之美。

本書示範作品若沒特別註明，

均為上蠟漆後，最後再上一層蜂蠟作為塗裝。

車製跳台面

車製支撐圓桿

車製跳台座

鑽孔與鑲嵌

車製腳

07

Cat Tower

貓跳台 難度：★☆☆☆☆
完成尺寸：高 44.5cm ×長 33cm ×寬 36cm

練習重點

圓盤車製
裝飾鑲嵌
圓榫與楔片

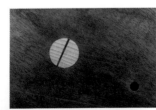

材料＆尺寸圖

是不是也想過幫家裡的喵皇打造一個專屬的貓跳台？其實木工車床就相當適合製作這一類的作品。由於每一個組件都是圓形，只需鑽孔組裝就可完成。動手試試吧！

材料表（備料尺寸包含廢料，非完成尺寸）

編號	項目	數量	尺寸（長 × 寬 × 高 / 厚）
1	跳台座	1	34cm×34cm×5.3cm
2	跳台面	1	27cm x27cm×3cm
3	腳	4	6cm×4cm×4cm
4	支撐圓桿	1	43cm×6.5cm×6.5cm
5	裝飾鑲嵌	若干	

> **小叮嚀**
>
> 板料要架到車床上前，需要先黏一塊廢木或夾板，這個步驟請詳P.101。如果需要以兩塊板來拼製，請詳P.100（止方栓邊接）或P.134（蝴蝶鍵片）。

尺寸圖（單位：cm）

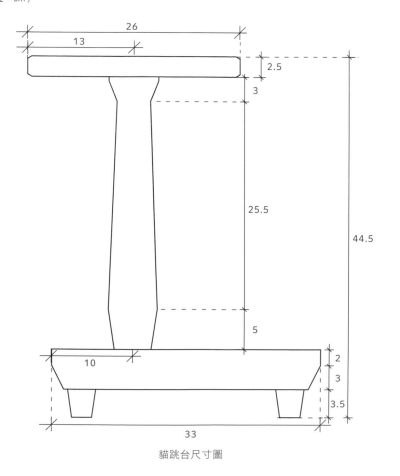

貓跳台尺寸圖

How to make

步驟順序：車製跳台座／車製跳台面／車製腳／車製支撐圓桿／鑽孔與鑲嵌

車製跳台座

1 跳台座車圓及倒角的技法和製程與兒童凳、溫莎風高腳凳相同，在此不重複描述。然而，跳台座的厚度及直徑都較大，在處理跳台座底面時，不適合以熱熔膠進行固定，本範例以另一個方法來處理，以確保安全。

2 找四塊長約7cm×寬約3cm的木塊，木塊厚度要比椅面厚度少1mm。I.將車好的椅面放在白色卡紙上，描出圓弧並以剪刀剪下。II.將卡紙的弧度描在木塊上。III. 以帶鋸機切出弧度。

3 將六分夾板切出直徑約40cm的圓，鎖在小圓盤上，接下來將椅面固定在上面。因為木塊弧度是依照椅面弧度畫出來的，所以應該與椅面非常吻合。從後方以螺絲固定木塊。

4 將四塊木塊都固定好後，以寬約3至4cm、厚約3mm的木板或夾板，將椅面扣住。因為底面的外圍在處理椅面時可事先處理好，所以這個階段就以碗鑿將中間部分車平並砂磨即可。

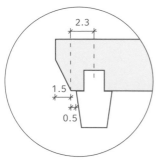

How to make

5 將椅面取下之前，別忘了定出跳台腳榫孔的位置。有些車床有等分的功能，若無，可使用分度規將椅面分成四個等分。

車製跳台面

1 台面及倒角如前述作法，此處不再重複。跳台面的直徑較小，可使用夾板（五分或六分）及熱熔膠固定，幫助處理底面。詳細作法請參見兒童凳（P.41）。

2 這部分可使用碗鑿及刮鑿來處理。車平後砂磨即可。

3 最後，別忘了榫孔。使用鑽尾夾頭，並以**25mm**鑽頭來鑽，即可直接將榫孔作出來。

How to make

車製腳

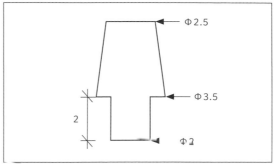

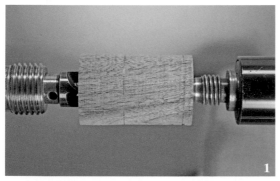

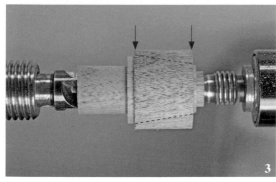

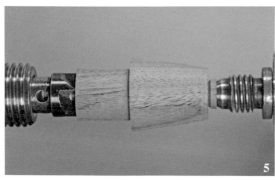

1 將腳的材料車圓後，依尺寸圖以鉛筆標出各個直徑位置。

2 將廢料車掉，並將榫頭直徑及長度車出來。

3 將腳的最大直徑及最小直徑車出來，連接這兩個直徑即可打造腳的造型。

4 以碗鑿或小圓鑿將廢料車掉。

5 記得要砂磨腳的部分。完成後再以手鋸，將廢料去除。

⊥ How to make

車製支撐圓桿

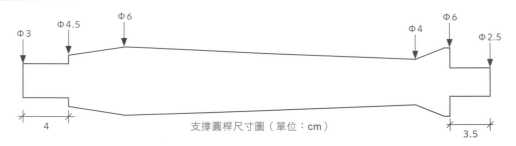

Φ3　　Φ4.5　　Φ6　　　　　　　　　　　Φ4　Φ6　Φ2.5

4　　　　　　　　　支撐圓桿尺寸圖（單位：cm）　　　　　3.5

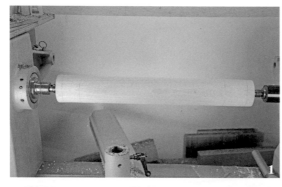

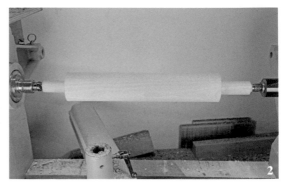

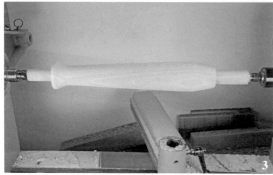

1 類似於腳的製作過程，依尺寸圖標出各個直徑位置。

2 將頭尾廢料車小，並車出榫頭的直徑及大小。

3 一樣以分鑿先車出幾個轉折點的直徑大小，再以粗鑿及碗鑿車出造型。詳細過程可參考狗床（P.82）。

鑽孔與鑲嵌

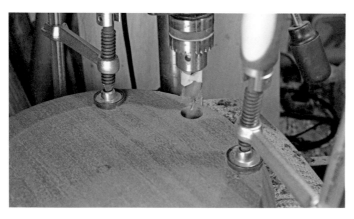

1 除了四隻腳的榫孔要鑽之外，還有跳台座上插入支撐圓桿的榫孔，共五個。因為鑽頭尺寸不一樣，小心不要鑽錯了。除了善用鑽床上的深度定位之外，也可在鑽頭量出需要鑽的深度，並貼上膠帶來幫助鑽出正確的深度。

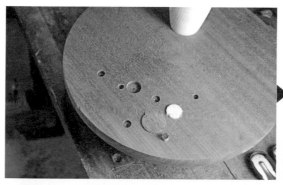 

2 隨機在底座上鑽幾個大小不一的孔洞,深約5至10mm,再車出直徑相對應的大小圓木片(厚度比孔洞深度多3mm),以木工膠黏好。膠乾燥之後,以細工鋸將多餘的部分鋸掉。這個步驟純粹是裝飾性質,可依個人喜好自行決定其位置大小,也可直接省略此步驟。

 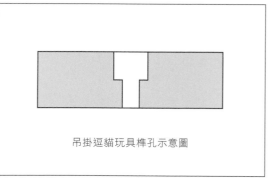

吊掛逗貓玩具榫孔示意圖

3 在跳台面上鑽出直徑4mm的孔洞(鑽透),孔洞上再作出直徑8mm的凹穴(板厚深度的一半),未來可吊掛逗貓玩具。

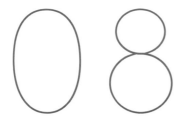

Windsor Stool

溫莎風高腳凳

難易度：★★★☆☆
完成尺寸：高 65cm ×長 44cm ×寬 44cm

練習重點

複製椅腳圓桿曲線
單斜椅腳及榫孔的製作
以治具在鑽床上鑽榫孔
拼板

椅面拼板 & 製作

圓榫及楔片

椅腳製作

橫撐製作

以木工車床來製作家具，凳子是一個很好的題目；一個圓盤，加上幾枝圓柱即可成為一張凳子。所有的元件都可在車床上完成，雖然結構簡單，但是線條外形卻可由繁到簡，就看設計者如何變化。本書中的溫莎風格高腳凳線條曲線變化較多，實際製作時若想打造簡潔一點的造型，也可依同樣的方法製作。

材料表 （備料尺寸包含廢料，非完成尺寸）

編號	項目	數量	尺寸（長 × 寬 × 高 / 厚）
1	椅面（拼板）	2	33cm×16.5cm×4.5cm
2	椅腳	3	70cm×4.5cm×4.5cm
3	橫撐（長）*	1	36cm×3.5cm×3.5cm
4	橫撐（短）*	1	31cm×3cm×3cm
5	3 片楔片 **	1	5cm×3cm×1.8cm

* 橫撐實際長度會因製作過程有誤差，故須以試組裝時測量的長度為準，此處長度尺寸僅供參考。
** 備料尺寸為一整塊木頭，楔片於製作時再裁切。

尺寸圖（單位：cm）

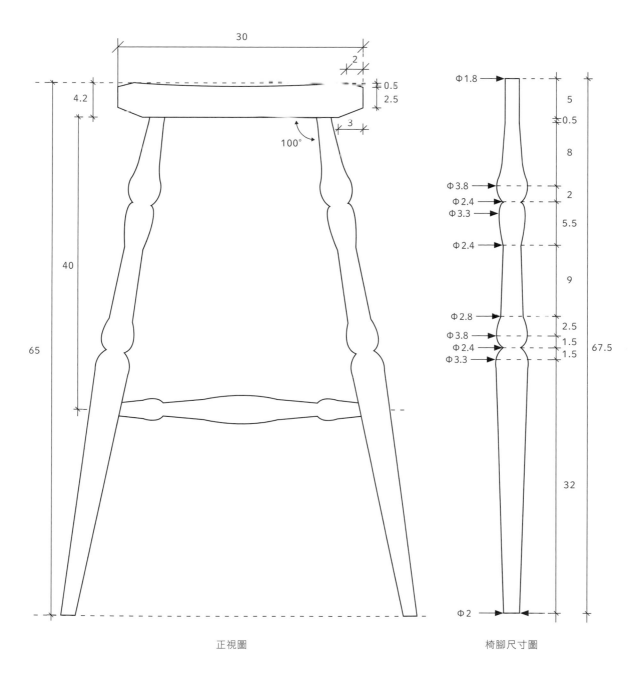

30

2

0.5
2.5

4.2

3

100°

40

65

正視圖

Φ1.8

5

0.5

8

Φ3.8
Φ2.4
Φ3.3

2

5.5

Φ2.4

9

Φ2.8
Φ3.8
Φ2.4
Φ3.3

2.5
1.5
1.5

67.5

32

Φ2

椅腳尺寸圖

How to make

步驟順序：椅面拼板／椅面製作／椅腳製作／橫撐製作／圓榫及楔片

椏面拼板

STEP 1 先將椅面木料進行拼板，結合出一塊方形板料。若無法自行拼板，可洽詢建材行幫忙訂購。

1 椅面直徑動輒30cm左右，這個尺寸的材料，不一定隨時買得到，所需費用也比較高。因此，我們以拼板的方式來製作。本範例選擇的是止方栓邊接，即在兩塊板內加上夾板的方式。

2 選擇兩塊33cm×16.5cm×4.5cm的木料，在膠合面上先以鉛筆畫出溝槽位置，溝槽寬度須配合楔片的厚度。本範例使用二分夾板當楔片，溝槽寬度為7mm。

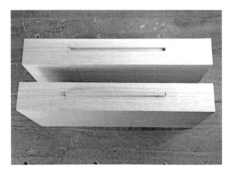

3 接下來以修邊機來銑出溝槽，溝槽深度為1cm。上膠前先試試看楔片是否與溝槽吻合，如果沒問題就可上膠接合。

4 上膠後使用夾具，確保兩塊板能夠緊密結合。本範例利用工作桌及其治具將兩塊板夾緊、夾平。

STEP
2 拼出方形板料後，以帶鋸機切出圓形椅面。

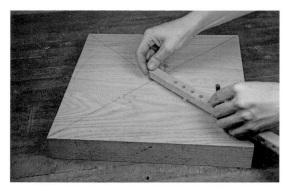

1 拼板完成後，就擁有一塊約呈正方形的板料了。將方形板料放上車床之前，可先以帶鋸機取出一個大概的圓。因為椅面直徑較大，一般圓規無法畫出這麼大的圓，所以使用實木與螺絲釘自製一個簡易圓規，即可畫出椅面大小。

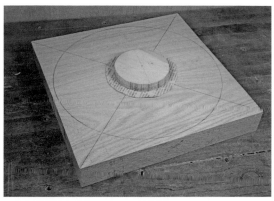

2 接著，在圓心上黏一塊圓形夾板（五分），膠合時一樣要使用夾具固定。夾板直徑只要大於車床的小圓盤即可。在車床上車製椅面時，即是以小圓盤將木料固定在車床上。

3 黏合夾板與木料時，可在其中間多黏一張報紙，這樣一來，在椅面車好的時候，可輕鬆順著報紙纖維以鑿刀將椅面及夾板分開。待膠完全乾燥，即可到帶鋸機上將圓切出來。

4 將切好的圓形板料以螺絲鎖上小圓盤，螺絲長度選擇以不超過夾板厚度為原則，夾板厚度以15mm以上為佳。椅面備料到此告一段落，接下來就可在車床上車製了。

How to make

椅面製作

STEP **1**　車出椅面造型,作出美麗的圓弧線條。

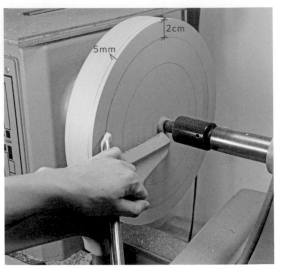

1 以碗鑿將椅面車成直徑30cm的圓。可在頂針和椅面之間墊一塊木頭,避免頂針在椅面上戳出孔洞。

2 以鉛筆畫出椅面邊緣斜面的位置,並以碗鑿車出造型。

3 可運用切的刀法,由外而內(A);或採用削的刀法,由內而外(B)。

4 椅面邊緣完成後,將頂針及尾座移除,車製椅面。使用碗鑿以切或削的刀法,將想要的椅面弧度車出來。

5 最後可使用刮鑿細修,盡量讓椅面線條滑順。上述幾個步驟完成後,就可砂磨,砂磨後椅面即完工。

STEP 2 在椅面上進行榫孔定位之後，將椅面自車床上取下。

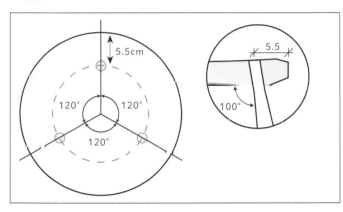 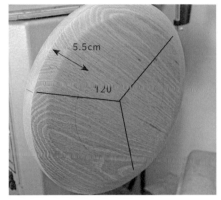

1 首先，在距離椅面邊緣5.5cm處，畫出一個圓。接下來要標示三個榫孔的位置。若是車床有分度的功能，很方便就能找出120度的位置，從圓心畫出三條直線，直線與圓交叉的點即為榫孔位置。若是車床沒有這個功能，可使用分度規，從圓心來量出120度的位置，一樣能畫出三條直線與圓交叉。若是要作四腳凳，只要畫出90度的線，即可找到四個榫孔的位置。

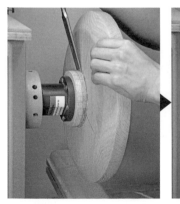 

2 在「椅面拼接」的STEP2將夾板黏到椅面木料時，夾板與木料間黏有一張報紙，此舉的目的即是在椅面完成時，方便以鑿刀沿著報紙纖維將夾板與木料分開。椅面在拼接完成後上下已均先刨過，此步驟只需將椅面底部殘餘的報紙磨掉即可。

How to make

STEP 3 已定位好榫孔的位置，即可利用「角度調整電鑽座」來製作椅面榫孔。

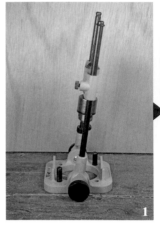

1 這把凳子腳為單斜，所以在這個步驟要鑽10度的榫孔。利用「角度調整電鑽座」這個治具加上電鑽來作。首先，先將角度調到10度的位置。

2 接著將椅面及治具以夾具固定在桌面上。將夾板邊靠著治具，並以夾具夾好固定，幫助在鑽孔時穩定治具。

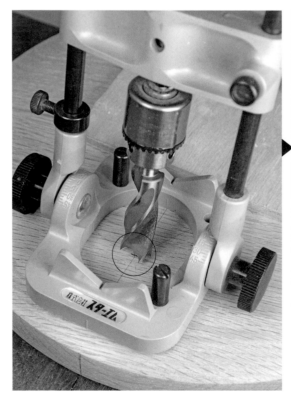

3 將鑽頭的尖端對準榫孔位置，並將治具上的兩個定位記號同時對準由圓心畫出的直線。將電鑽架上治具鑽孔時，別忘了在椅面下墊一塊夾板，榫孔鑽透時才不會傷到桌面。三個榫孔都是以同樣方式鑽出。

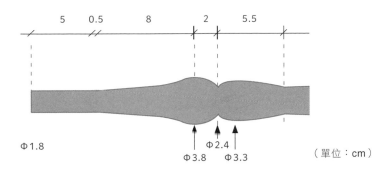
椅腳製作

| 5 | 0.5 | 8 | 2 | 5.5 |

Φ1.8　　　　　　　　　　　Φ2.4
　　　　　　　　　　　Φ3.8　Φ3.3　　　（單位：cm）

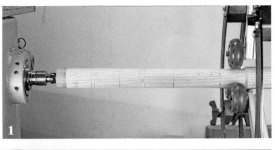

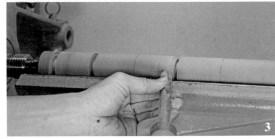
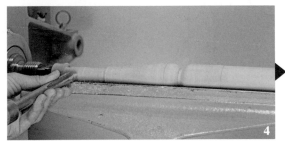
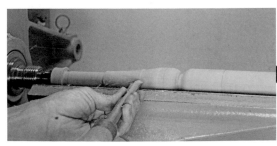
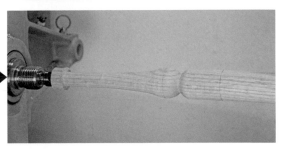

1 首先將幾個轉折點的直徑標示出來。

2 以分鑿車出這幾個直徑。

3 接著以碗鑿、小圓鑿及斜鑿車出兩個轉折點之間的造型。

4 重複動作，並細修，將複雜的造型分割成幾個基本幾何形，分開車製。因為轉折點的尺寸已經到預計大小，所以整體造型不至於偏差太多。

橫撐製作

1 椅面榫孔鑽好後就可試組裝椅腳。決定好三隻椅腳的木紋方向後，在椅腳及椅面上作記號（以照片中A-A為例）。

2 以角尺在三隻腳的40cm處，選定其中兩隻腳，套上橡皮圈，並以鉛筆沿著橡皮筋畫一圈線。

3 以直尺量出橡皮圈間的距離。此處橡皮圈的距離為3.3cm，因此，在一半（1.65cm）處作上記號。兩線交叉點即為長橫撐榫孔的位置。重複此步驟，在另一腳上也作記號，即可定出長橫撐的兩端榫孔位置。

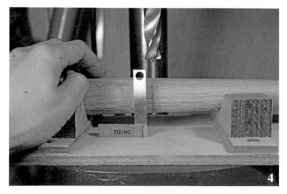

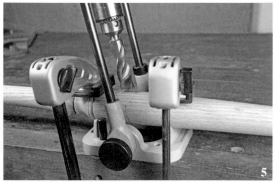

4 剛剛在40cm處沿橡皮筋畫線，即為鑽頭的角度。有兩個方法可以鑽孔，第一個是將椅腳架在圓桿固定治具上，以鑽床鑽孔。這時要調整椅腳的角度，讓剛剛畫的水平線與角尺平行。

5 第二個鑽孔方法是以電鑽座鑽孔，將鑽頭調整到與沿橡皮筋畫的線角度一致，這樣鑽出的榫孔即為所需要的角度。重複上述動作，完成選定的兩腳上的榫孔。

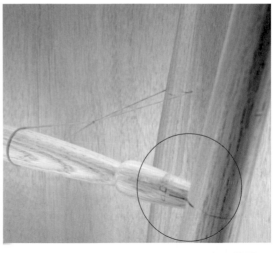

6 鑽好榫孔後，就可決定橫撐材料的長度。以兩枝免洗筷，兩端頂到榫孔底部，以鉛筆作上記號。將筷子取下後，再以尺量出長度，而加 **2cm** 的廢料，即為橫撐備料長度。橫撐的車製過程與椅腳的製作一樣。

7 長橫撐車好後，套上剛才的橡皮筋，並組裝好。別忘了在長橫撐作上組裝記號。

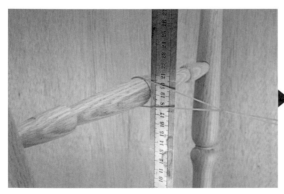

8 短橫撐榫孔的位置，也是依照剛才長橫撐的方法標示出來。

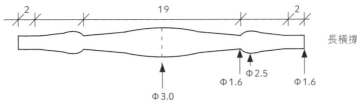

長橫撐尺寸圖（單位：cm）

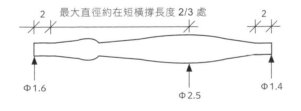

短橫撐尺寸圖（單位：cm）

圓榫及楔片

> **小叮嚀**
>
> 本頁簡單説明作法，詳細作法請參見兒童凳（P.44）。

1 在距頂端約3cm處先鑽一個直徑3mm的洞。

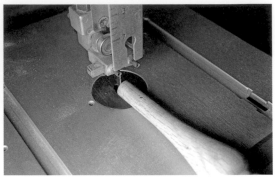

2 再以帶鋸機切開一道至剛才鑽的孔的溝槽。

3 楔片製作：以帶鋸機切出三片楔片。楔片長約5cm（木紋方向），寬約1.8cm，一端厚約5mm，另一端厚約1mm。

4 待上膠時，再將楔片敲進去。膠乾後，以細工鋸將凸出的榫頭及楔片鋸掉，並稍微砂磨。

5 上膠時，凳子橫撐部分可使用迫緊帶捆綁，但因為凳子有斜度，所以插入一根廢木條，讓迫緊帶不會因斜度而偏離。膠乾後，木椅即完成。

板材上有孔洞，裂縫怎麼辦？

實木難免會碰到木節，有時候還會因
此在材料上出現孔洞、裂縫。如果孔
洞裂縫的位置並不影響結構，可使用
AB膠或環氧樹脂來填補。溫莎風高
腳凳的椅面邊緣使用AB膠填補，而
P.130長邊桌桌面紅色的光澤則是以
AB膠加紅色色料填補，刻意讓桌面呈
現出不屬於木頭的色澤。

09

Small Stool 矮凳

難易度：★★★☆☆
完成尺寸：高 40cm × 長 35cm × 寬 35cm

練習重點

拼板（若以一塊板製作椅面則不須拼板）
複製椅腳曲線
以治具在圓柱鑽有角度榫孔
單斜椅腳及榫孔的製作
圓榫＋楔片

椅面拼板

圓榫及楔片

以治具在板上
鑽有角度榫孔

複製椅腳曲線

以治具在圓柱
鑽有角度榫孔

製作單斜椅腳

由於不一定每個人都用得到高腳凳，所以這邊也提供另一個矮凳的選擇，讀者們可依照本書提供的尺寸，按照高腳凳（P.96）的步驟，並參考兒童椅（P.36）來製作，本單元不再重複描述製作步驟。

這邊選擇了不同顏色的木料來搭配顏色，增加一些變化。如果不易取得不同種類的木料，也可選用同一種木料製作。

材料表 （備料尺寸包含廢料，非完成尺寸）

編號	項目	數量	尺寸（長 × 寬 × 高 / 厚）
1	椅面（拼板）	2	31cm×15.5cm×3.5cm
2	椅腳	3	42cm×4cm×4cm
3	橫撐 （長）*	1	30cm×2.8cm×2.8cm
4	橫撐 （短）*	1	26cm×2.5cm×2.5cm
5	椅腳底拼接	3	6cm×3cm×3cm
6	3 片楔片	1	5cm×3cm×1.8cm

＊橫撐實際長度會因製作過程有誤差，故須以試組裝時測量的長度為準，此處長度尺寸僅供參考。

尺寸圖 （單位：cm）

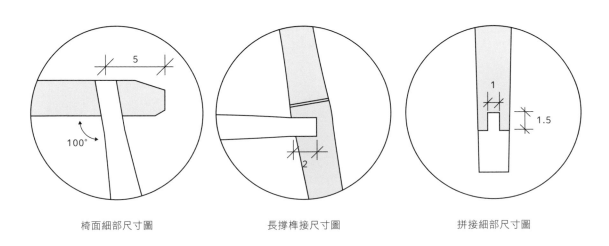

椅面細部尺寸圖　　　　　長撐榫接尺寸圖　　　　　拼接細部尺寸圖

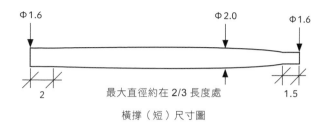
Φ1.6　　　　　　　Φ2.0　　　Φ1.6

2　　最大直徑約在 2/3 長度處　　1.5

橫撐（短）尺寸圖

Φ1.6　　　　　　Φ2.2　　　　　　Φ1.6

2　　　橫撐（長）尺寸圖　　　2

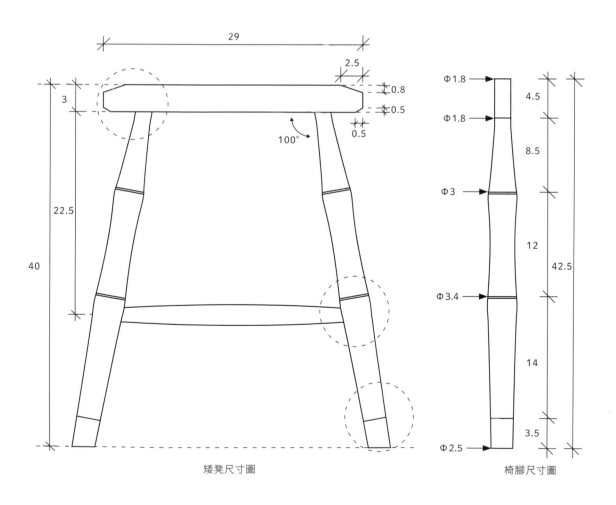

29

2.5

3

0.8
0.5

100°

0.5

22.5

40

矮凳尺寸圖

Φ1.8　　4.5

Φ1.8

8.5

Φ3

12

42.5

Φ3.4

14

3.5

Φ2.5

椅腳尺寸圖

高腳凳椅面、兒童桌桌面的拼板是在兩塊板內加上夾板的方式來作，如此一來，夾板被隱藏在中間而不外顯。若以蝴蝶鍵片來拼板，則是利用蝴蝶鍵片來增加視覺效果。蝴蝶鍵片的位置可以是在顯眼的椅面或桌面上（如本單元「矮凳」和 P.130 長邊桌），或是低調地隱身在椅面或桌面下方（如 P.36 兒童凳）。

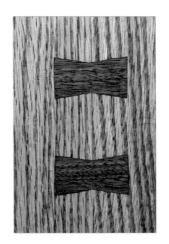

蝴蝶鍵片可位於椅面或桌面上，作為一種特殊的視覺設計，也可低調地隱身於椅面或桌面下方。

以在兩塊板內加上夾板的方式進行拼板，夾板不外顯。

矮凳與兒童凳的椅腳端，都使用了不同顏色的木頭來增加一些變化。雖然都是拼接，矮凳呈現出一光滑圓桿，兩塊木頭緊密接合，兒童凳卻是接合處尺寸不同，故意強調兩塊木頭差異，取椅腳穿襪子的意象，增加了一些童趣。

兒童凳的椅腳刻意強調出上下兩種木頭的差異，像小朋友穿襪子一般，在作品細節上增添趣味性。

矮凳的椅腳拼接，上下兩塊木頭緊密接合，椅腳呈現光滑圓桿，展現俐落感。

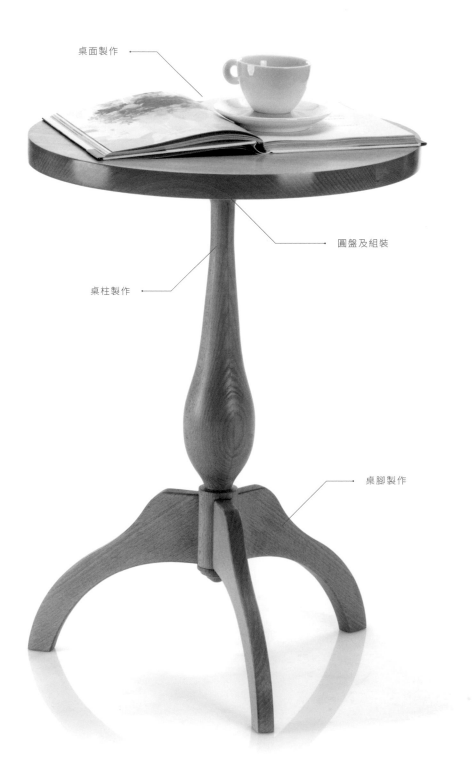

桌面製作

圓盤及組裝

桌柱製作

桌腳製作

Shaker Round Stand

夏克風圓邊桌

難度：★★☆☆☆
完成尺寸：高 66.5cm × 長 50cm × 寬 50cm

練習重點

圓桿上銑鳩尾槽
銑削台製作鳩尾榫

材料 & 尺寸圖

夏克風圓邊桌造型簡潔，中間的桌柱可有不同的線條變化，利用車床製作，很容易就能作出美麗的線條。桌腳是以鳩尾穿條進行結合，這是一個木工車床搭配其他技法的最佳例子，雖然本範例中鳩尾穿條是以銑削台來製作，但亦可使用鑿刀以手工方式完成。

材料表（備料尺寸包含廢料，非完成尺寸）

編號	項目	數量	尺寸（長 × 寬 × 高 / 厚）
1	桌板（拼板）*	2	52cm×26cm×5cm
2	桌柱	1	55cm×9.5cm×9.5cm
3	桌腳	3	25cm×25cm×2.3cm
4	桌柱底圓盤	1	5cm×5.5cm×5.5cm
5	桌面底圓盤	1	20.5cm×20.5cm×2.5cm
6	桌腳型版（二分夾板）	1	25cm×25cm

* 拼板請詳 P.100「止方栓邊接」或 P.134「蝴蝶鍵片」，並建議上下兩面先刨好。

尺寸圖（單位：cm）

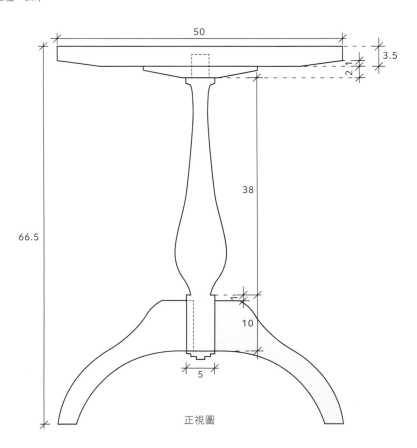

正視圖

How to make 🪑

步驟順序：桌面製作／桌柱製作／桌腳製作／圓盤及組裝

桌面製作

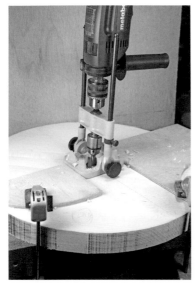 

小叮嚀

桌面拼板完成後，需要先大致以帶鋸機裁成圓形，這部分與高腳凳作法相同，請詳P.101。

1 桌面裁圓後，將電鑽座調在0度位置，在圓心上鑽一個直徑3cm×深2cm的孔，這是未來桌柱組裝時的榫孔。可藉由薄板幫忙固定電鑽座，增加穩定度。

 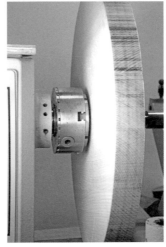

2 將夾頭換上長鼻爪，並以撐開的方式將桌面架在車床上。因為材料上下兩面已經刨過，可利用桌底平面盡量將它架平。

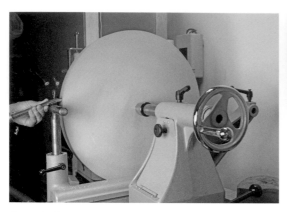

3 因為桌板面積較大，轉速不宜過快，避免發生
危險。建議啟動車床時，以0rpm開始，慢慢
增加速度。這階段先以碗鑿把桌面車至需要的
直徑。

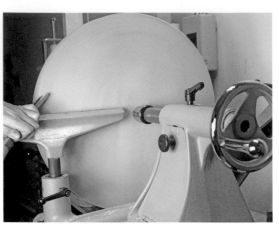

4 因為直徑大，桌面外側會有震動的情況產生。
如果桌板上下兩面都已經刨平，應該不需要大
幅度修整桌面。

5 以碗鑿將倒角車出來，再將桌板側面及倒角砂
磨完成。

6 如前述，因為直徑大，桌面外側會有震動的情
況產生，這時如果在車床上將桌面及桌底磨
平，並不容易操作，建議自車床上拿下來，以
砂紙機處理。

桌柱製作

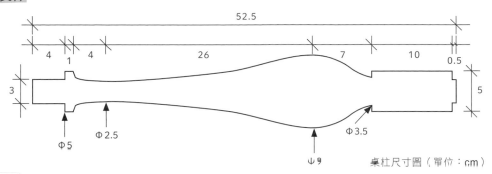

52.5

4　4　26　7　10　0.5

3

5

Φ5

Φ2.5

Φ9

Φ3.5

桌柱尺寸圖（單位：cm）

> **小叮嚀**
>
> 車製圓桿造型的方法在前面幾項作品中都已詳細說明，本作品僅簡單說明，若需要較詳細的步驟，可參考P.78狗床或P.96高腳凳。

1 將圖上幾個主要直徑的位置標示出來，並以分鑿車至需要的尺寸。有幾個直徑較小，可分次車，不需要一口氣車至定位。

2 以粗鑿將廢料部分車掉，雛形漸漸呈現。

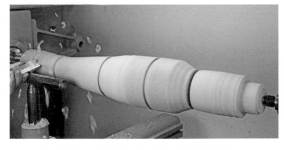

3 重複步驟1，慢慢地將桌柱車至需要的大小。

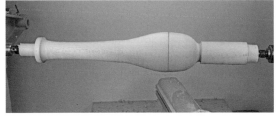

4 榫頭大小需要較準確，桌柱本身只要求線條順暢即可。

5 接下來就是製作鳩尾槽。
　　在將桌柱從車床上取下來之前，如果車床有等分功能，可先在車床上將三隻腳的位置標示出來（120度），並標出9cm處。這是下一個步驟要作的鳩尾槽的位置。

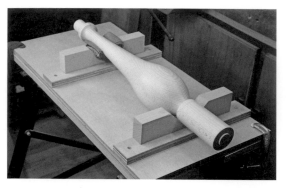

6 將桌柱放在圓桿固定治具上，因為造型的關係，在較細的那一端墊一塊布，讓要作鳩尾槽的那部分呈水平放置，並且讓剛剛標示鳩尾槽的記號在上端置中。這部分同榫孔定位（參閱 P.26）。

 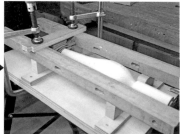 

7 以實木或夾板將治具及桌柱穩穩地夾在工作桌上。先在桌柱左右各放上實木條，其高度需略高於桌柱。接著在桌柱上墊布，再放上恰當厚度的板，讓其高度略高於實木條。

最後放上夾板（或實木）夾緊，因為布上的板略高於實木條，所以夾具夾好時，可將桌柱固定住。重複上述步驟，在另一端也夾一組，前後兩端最少各夾一組。

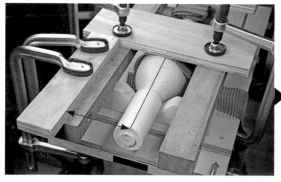 

8 最後，找一塊夾板當導尺（邊要直），將它放與桌柱平行並夾好。其距離為木工雕刻機中心到邊的距離。如此一來，以銑刀來製作鳩尾槽時，木工雕刻機可依著導尺，銑出所需要的鳩尾槽。

> **POINT**
>
> 步驟6至8應確實檢查，確認桌柱已確實固定在工作桌上。
> 任何一點鬆脫，都會在接下來的步驟中造成危險！

9 使用24mm直刀,先定出深度,讓直刀可銑出一個寬24mm的平面。木工雕刻機推到9cm記號處停止。因為銑刀無法作出直角,接下來以鑿刀修出直角。

10 使用鳩尾榫刀,先定深度,讓刀可銑出1.2cm深的鳩尾槽。如步驟9,將木工雕刻機推到9cm記號處停止,其餘部分以鑿刀修。

11 重複步驟6至10,就可將三個鳩尾槽完成。至於銑刀沒辦法完成的角落(鳩尾槽內側),就以鑿刀來修。

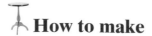

How to make

桌腳製作

STEP 1 製作型版後,依型版線條以帶鋸機裁切出桌腳。

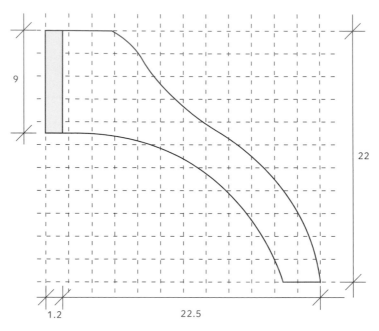

桌腳尺寸圖(單位:cm)

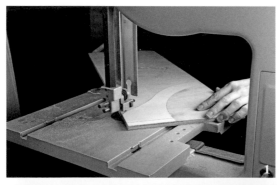

1 型版製作:將桌腳的造型描在白紙上,並貼在二分夾板上,再以帶鋸機裁下,並以砂紙將型版曲線磨順即完成。

2 利用型版將桌腳造型描在材料上。注意木紋的方向,再以帶鋸機沿著線外約1mm處裁下。

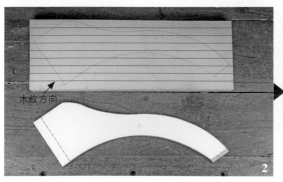

木紋方向

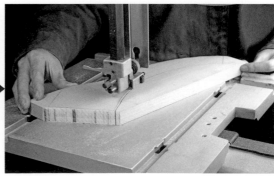

How to make

STEP 2 裁製下來的桌腳板材需要進一步修邊，本範例主要使用後鈕刀、修邊刀來處理。

修邊刀
後鈕刀

1 STEP1中預留的1mm部分，以後鈕刀及修邊刀來處理。

2 將型版對齊剛才描上去的線，並且以夾具夾好固定，讓後鈕刀的培林沿著型版修一圈。

3 這是修完一圈後的成果。調整銑刀的深度，再重複上述動作。因為刀子長度的關係，會有一部分無法修到。

4 換上修邊刀，將腳料反過來，把最後剩下那一段修掉。三隻腳都以相同方法處理。

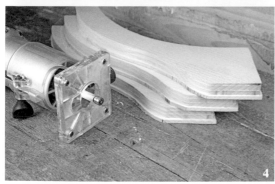

How to make

 STEP **3** 在桌腳上作出鳩尾穿條，並進行倒圓加工。請注意，確認可順利組裝後，才能將銑削台的設定拆下。

1 桌腳上的鳩尾穿條需要使用銑削台來製作。首先將銑刀調到桌柱上鳩尾槽的深度，並以導尺控制鳩尾榫刀露出的寬度，將羽毛板放在桌腳厚度的位置，以夾具夾好。

2 將鳩尾槽上的尺寸X及Y複製到桌腳材料上。同時，Y也是銑刀凸出銑削台的高度。鳩尾榫刀露出的寬度要剛好銑到X標記處。

3 以這樣的設定來作出鳩尾穿條。

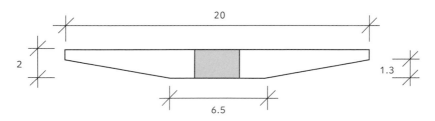
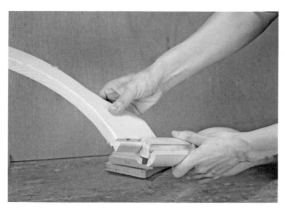 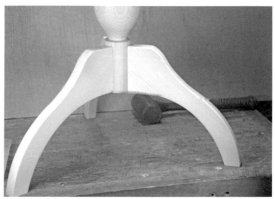

4 不將銑削台的設定拆下，待試組裝後，一切沒問題再將設定拿下。

5 最後桌腳以2分的1/4R刀倒圓。從圖中可看出圓角的效果。

圓盤及組裝

STEP 1 桌底有一塊圓盤，一面車平，一面則要車出斜面。在圓盤上鑽孔，方便組裝時鎖入螺絲。

桌面底圓盤尺寸圖（單位：cm）

1 將材料以帶鋸機切圓後,在中間鑽一個直徑3cm的榫孔,再以長鼻爪撐開架在車床上,先將一面車平。

2 翻面後,也是先車平,接著中間留出一個平面(直徑約6.5cm),其餘部分,車出一斜面,圓盤邊厚度約7mm。

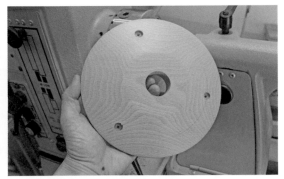

3 在圓盤3.5cm處標示出三個螺絲孔位置。這個步驟可利用車床等分功能,如果沒有這項功能也可使用分度規找到三等分。

4 在鑽床上鑽出3個直徑3mm孔(鑽透),再於每個孔中鑽出10mm直徑的凹穴(深度為圓盤厚度的一半)。

How to make

STEP 2 桌柱底也有一個圓盤設計，作出榫孔後，組裝時以膠黏牢至桌柱底即可。

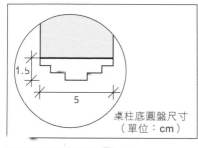

桌柱底圓盤尺寸
（單位：cm）

1 將材料車圓、端面車平後，先以鑽頭鑽出一深約5mm、直徑3cm的榫孔。

2 接著，使用碗鑿及小圓鑿車出所需的造型。

3 砂磨後即可以斜鑿切下。

STEP 3 所有零件皆製作完成後，就可開始進行組裝工作了。

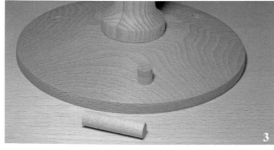

1 桌柱在車製時，底端有作一個直徑3cm、長5mm的榫頭。三隻腳都裝好後，把桌柱底圓盤黏上即可。

2 桌面底圓盤組裝時，利用螺絲將圓盤與桌面鎖好，螺絲長度以桌面厚度的2/3為佳。

3 車三枝直徑10mm的圓棒，上膠，將剛才的螺絲孔封起來。

4 待膠乾後，以細工鋸鋸平即完成。

11

Hall Table
長邊桌

練習重點

修榫肩
蝴蝶鍵片
複斜桌腳

難度：★★☆☆☆
完成尺寸：高 82cm × 長 105cm × 寬 40cm

桌面製作

橫撐製作

桌腳製作

材料 & 尺寸圖

長邊桌高度較高，是一個靠著牆邊使用的邊桌。基本結構也是一張板加上四隻桌腳及橫撐，結構不算複雜。本範例不重複先前製作的工法，改以蝴蝶鍵片來拼板，並以簡易方式來製作複斜桌腳。

材料表 （備料尺寸包含廢料，非完成尺寸）

編號	項目	數量	尺寸（長 × 寬 × 高 / 厚）
1	桌板（拼板）	2	110cm×21cm×5cm
2	桌腳	4	85.5cm×5cm×5cm
3	2 枝橫撐（長）	1	105cm×5.2cm×2.8cm
4	橫撐（中）＊	2	27cm×3.5cm×3.5cm
5	橫撐（短）	10	17cm×2cm×2cm
6	蝴蝶鍵片	3	5cm×3cm×1.5cm
7	木釘		

＊ 橫撐長度以試組裝時實際測量為準。

尺寸圖 （單位：cm）

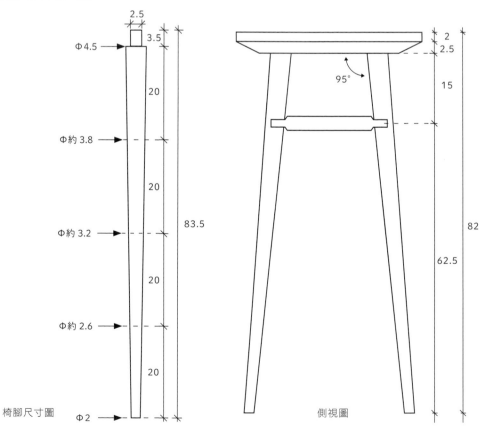

椅腳尺寸圖　　　　　　　　　　　側視圖

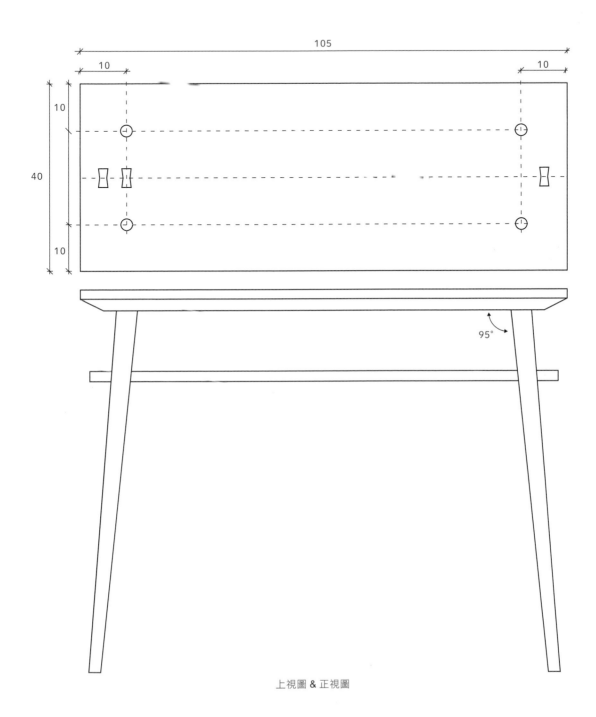

上視圖 & 正視圖

⊓ **How to make**

步驟順序：桌腳製作／桌面製作／橫撐製作 & 組裝

桌腳製作

 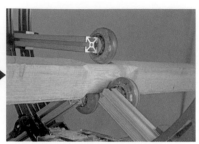

1 由於桌腳長度較長，需要用到木工車床多功能支撐架，幫助穩定材料。先將材料中間部分車圓，方便架支撐架。

 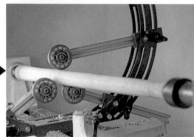

2 桌腳車製過程如本書前幾個作品練習，先以分鑿將幾個直徑車出來，再以粗鑿將廢料去除，最後以碗鑿或刮鑿將線條修順。詳細步驟可參閱P.24至P.25。

桌面製作

STEP
1

桌面拼板若是單純將兩塊板材黏合，沒有做止方栓邊接，這時可做蝴蝶鍵片，一方面防止拼板鬆脫，另一方面也可作為裝飾。當然，也可做止方栓邊接（參見P.100）。

1 首先，將蝴蝶鍵片治具放在需要的位置上，並以夾具固定，以鉛筆描出其位置。接下來使用後鈕刀來銑削出需要的深度（約1 cm）。

2 四個角落無法以銑刀處理，改以鑿刀來修。

134

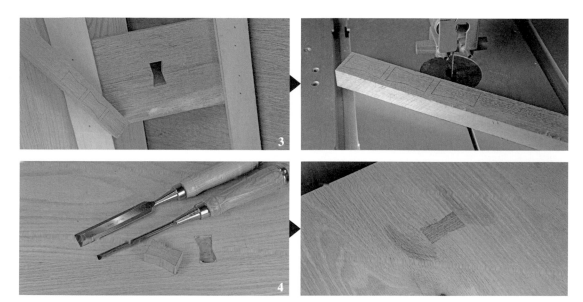

3 將蝴蝶鍵片描在材料上（木紋為長向），其厚度比剛才銑削出來的鍵片孔深度多約1至2mm。並以帶
鋸機沿著線外1mm處裁下，再以鑿刀細修。

4 先修鍵片孔，再修鍵片。修鍵片時，一邊修一邊合，直到可裝入。合的時候，不要壓太深，以免拿不
出來。吻合之後，上膠，並敲至定位。待膠乾後，高出於桌面的鍵片以刨刀刨平即完成。

STEP
2 本範例的桌腳為複斜設計，依設計在桌面上鑿製榫孔。

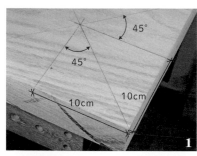

1 複斜榫孔：在桌底依照圖
中尺寸及位置，標示出榫
孔的位置，並將電鑽座角
度調到5度位置。

2 依圖示，將電鑽座標記與
標線對齊。此步驟要確認
電鑽座方向，這會關係到
桌腳複斜的方向。

3 鑽頭的方向即為未來桌
腳的方向，確認無誤
後，即可進行鑽孔。鑽
頭或電鑽座若無法鑽到
足夠的深度，可將電鑽
座移除後，以手持電鑽
方式，沿著之前鑽的榫
孔角度再加深。

How to make

STEP 3 因為是複斜的設計，所以桌腳車好後，榫肩需要再修過才能與桌底吻合。

1 先將桌腳試組裝，並標出組裝記號（參見P.106步驟1），接著鉛筆墊一薄板，在桌腳上畫一圈。

2 斜線處即為需要修掉的部分。

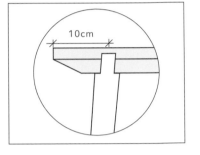

10cm

3 使用圓桿固定治具固定桌腳，以鑿刀將斜線處修掉。

4 榫肩完成。

STEP 4 進行桌面倒角。在兒童桌與圓邊桌皆有倒角練習，分別以不同的方法來處理桌面的倒角。本範例介紹另一個處理方法，即以刨刀製作倒角。

1 在距離桌底邊3cm處畫一條平行於桌邊的直線。

2 在距離桌面邊2cm處畫一條平行於桌邊的直線。

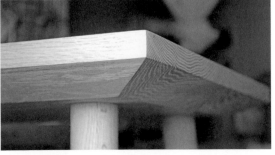

3 兩線之間的就是要刨掉的廢料（鉛筆畫斜線處）。

4 本範例使用刨刀，也可依個人擅長的工具來製作。

橫撐製作 & 組裝

STEP 1 利用橡皮筋找出橫撐的榫孔中心點與橫撐角度。

1 與凳子橫撐的作法相同，試組裝時，在距離桌底15cm處以兩條橡皮筋套上，找出橫撐的榫孔中心點及橫撐的角度（請參閱P.106）。

2 在鑽床上調整桌腳角度，讓剛剛找到的橫撐角度的線與角尺平行。別忘了也要確認榫孔的位置（方法參閱P.26步驟3）。

STEP 2 橫撐（中）的製作。

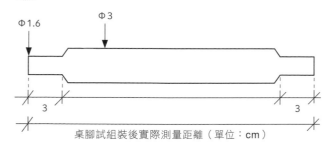

Φ1.6　Φ3

3　　　　　　　3

桌腳試組裝後實際測量距離（單位：cm）

1 圓桿與圓榫的製作如同本書其他作品的練習，先標出尺寸後，將榫頭車出來。

2 本作品有作一點斜角，就依所標示的線以碗鑿或小圓鑿車製出來。可參閱狗床橫撐（P.84）。

3 另一邊也以相同方式製作即完成。

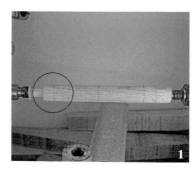

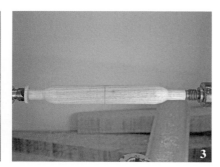

STEP 3　橫撐（長）的製作。

Φ3圓孔

4.5

橫撐（中）試組裝後實際測量距離

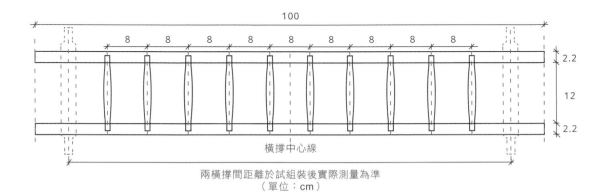

100

8　8　8　8　8　8　8　8　8

2.2

12

2.2

橫撐中心線

兩橫撐間距離於試組裝後實際測量為準
（單位：cm）

1 中橫撐試組裝後可量得兩者間的距離，這時在
長橫撐上標出此長度，並在中間標出榫孔位
置，並以鑽床鑽出這兩個孔。

2 將橫撐裁開之前，先依圖上位置將短橫撐榫孔
標示出來。

3 以帶鋸機從中裁開後，再以鑽床鑽出短橫撐榫
孔。

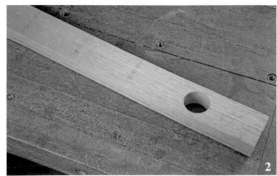

How to make

STEP 4 完成橫撐製作後，進行組裝。橫撐（短）的製作過程同狗床直桿，此處不再重複，可依下圖尺寸（單位：cm），並參閱P.85作法完成。

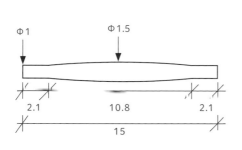

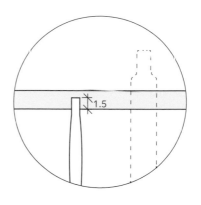

1 橫撐完成圖。

2 上膠組裝完成後，以3mm鑽頭在長橫撐上方鑽一孔，深度達到中橫撐，接著上膠打入一木釘，增加強度。待膠乾燥後，以細工鋸將多餘部分鋸掉，砂磨後即完成。

12

Low Back Chair
低背椅

練習重點

有曲度椅腳
扶手製作

難度：★★★★☆
完成尺寸：高 78cm × 長 63cm × 寬 74cm

椅背編織

扶手製作

後腳製作

椅面編織

鑽榫孔

前腳製作

材料＆尺寸圖

這是本書最後一件作品，不同於前面幾張椅子由直圓桿組合而成，低背椅後腳的設計是有曲度的，本單元將會示範，如何在木工車床上以變換軸心的技法來製作有角度的圓桿。椅面呈現梯形，也就是說這件作品的製作挑戰了非 90 度角的圓榫接合！

材料表 （備料尺寸包含廢料，非完成尺寸）

編號	項目	數量	尺寸（長×寬×高/厚）
1	前腳	2	65cm×5cm×5cm
2	後腳	2	80cm×20cm×5.5cm
3	前撐（上）	1	64cm×2.8cm×2.8cm
4	前撐（下）	1	64cm x2.8cm×2.8cm
5	側撐（上）	2	48cm×2.8cm×2.8cm
6	側撐（下）*	2	50cm×2.8cm×2.8cm
7	後撐（上）	1	55cm×2.8cm×2.8cm
8	後撐（下）	1	55cm×2.8cm×2.8cm
9	背撐	2	55cm×2.8cm×2.8cm
10	扶手 *	2	57cm×12cm×2.5cm
11	紙藤		約 250 碼

＊材料尺寸以試組裝時實際測量為準。

尺寸圖 （單位：cm）

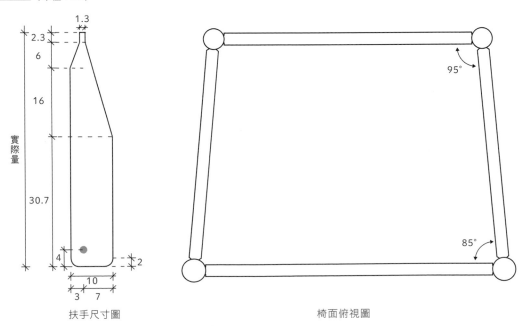

扶手尺寸圖　　　　　　　椅面俯視圖

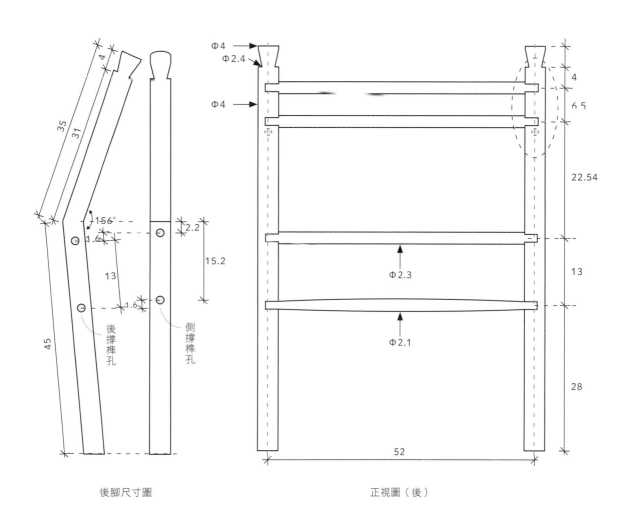

後腳尺寸圖　　　　　　　　　　　　　正視圖（後）

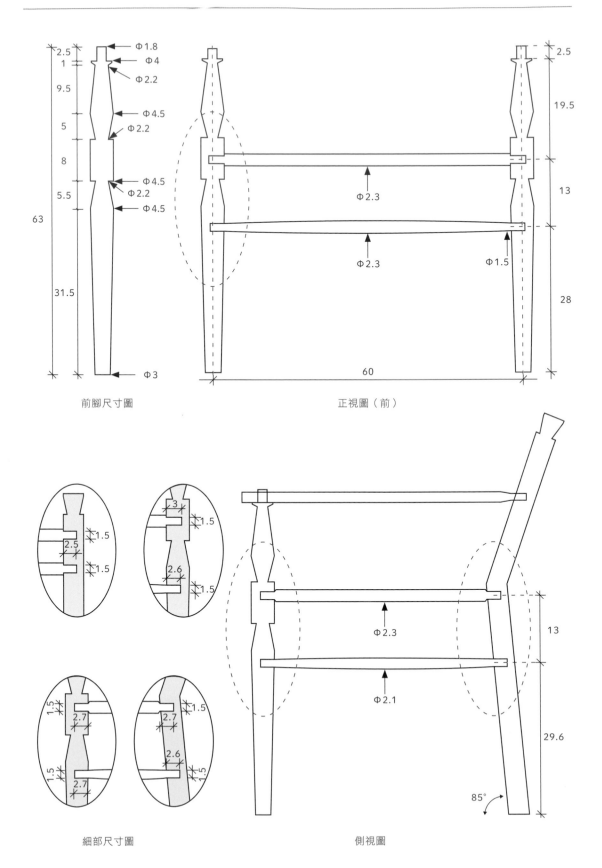

Φ1.8
Φ4
Φ2.2
2.5
1
9.5
Φ4.5
5
Φ2.2
8
Φ4.5
5.5
Φ2.2
Φ4.5
63
31.5
Φ3

前腳尺寸圖

2.5
19.5
Φ2.3
13
Φ2.3
Φ1.5
28
60

正視圖（前）

3
1.5
2.5
1.5
1.5
2.6
1.5

Φ2.3

13

1.5
2.7
1.5
1.5
2.7
2.7
1.5
2.6
1.5

Φ2.1

29.6

85°

細部尺寸圖

側視圖

53
2.5　　　　　　　　48　　　　　　　　2.5

背撐／後撐（上）尺寸圖

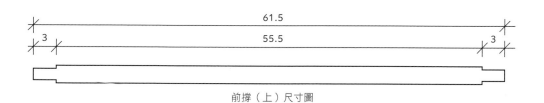

53
2.5　　　　　　　　48　　　　　　　　2.5

後撐（下）尺寸圖

61.5
3　　　　　　　　55.5　　　　　　　　3

前撐（上）尺寸圖

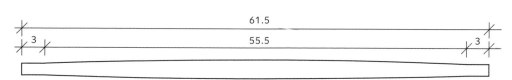

61.5
3　　　　　　　　55.5　　　　　　　　3

前撐（下）尺寸圖

46.4
2.7　　　　　　　　41　　　　　　　　2.7

側撐（上）尺寸圖

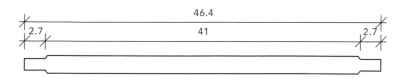

實際量
2.7　　　　　　　　42.2　　　　　　　　2.7

側撐（下）尺寸圖

How to make

步驟順序：前腳製作／後腳製作／鑽榫孔／扶手製作／椅面編織／椅背編織

> **小叮嚀**
>
> 本書其他作品多次提及車圓桿的技巧，因此本作品橫撐車製的部分就不再重複，若有需要請參閱P.24至P.25。

前腳製作

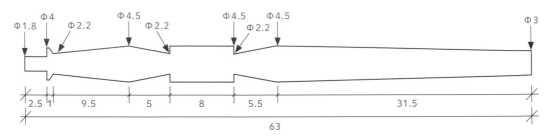

前腳尺寸圖（單位：cm）

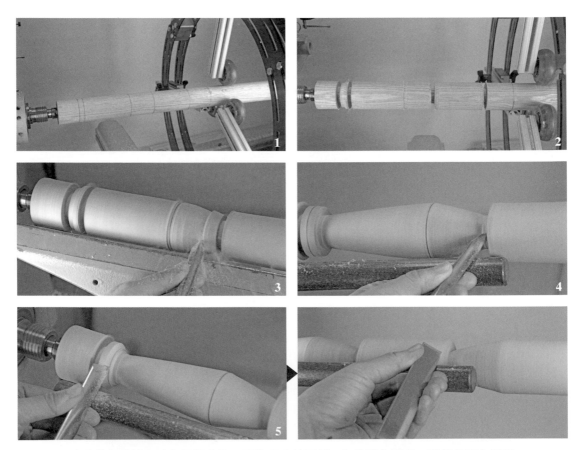

1 先將圖上的幾個關鍵尺寸位置標出來，因為長度的關係，為能避免震動，建議使用支撐架。

2 以分鑿將需要的尺寸車出來，在車製時可當作參考依據，避免將材料車過小。

3 有了溝槽當參考依據，即可將前腳雛形車製出來。

4 角落的部分可使用小圓鑿加工，以其刀尖的部分來處理。

5 可使用斜鑿以切的方式來處理斜面及倒角。

146

後腳製作

STEP 1

有曲度的後腳可算是本書中最有挑戰的練習了。從備料、做治具到車製，都是不同的經驗。一起動手進行吧！後腳能彎曲的角度大小和車床的旋徑與可車製的長度有關，本例示範的車床旋徑為20"車床，可車製的長度約為85cm，可車製角度為156度。後腳製作的第一步，即為備料。

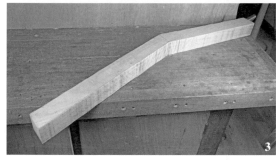

1 後腳的曲度為156度，所以先把這個曲度的腳外形畫出來。因為還要車製，建議畫5.5cm寬，讓製作時有些彈性。上下段長度各約 48cm及38cm長。

2 以帶鋸機將材料裁下。

3 從圖中大致可看出腳的曲度。

4 在腳料的兩端找出中心點（圖中十字交叉），並在材料四面畫出中心線（圖中紅色虛線）。

STEP 2

利用夾板自製治具，以便於將後腳置於車床上加工。

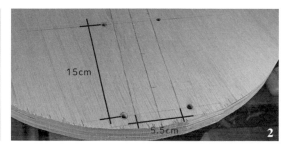

1 先將兩塊五分夾板以木工膠黏合並以螺絲鎖住。待膠乾後，以帶鋸機鋸出直徑50cm的圓，將大圓盤鎖在背面圓心位置上。

2 在正面畫出對稱於圓心，間距5.5cm的兩條線。

3 準備兩塊實心木條（長17cm×寬2.5cm×高3cm），並在夾板和木條上鑽孔（避開步驟1的螺絲）。

4 以螺栓將木條沿著步驟2畫的線牢牢鎖在夾板上。

STEP 3

將裁好的後腳架在車床上，尾座部分以活動頂針頂住，另一端架在兩實木之間。這個步驟請避免將材料架歪，並請注意有幾個需要檢查的地方。

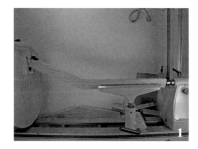
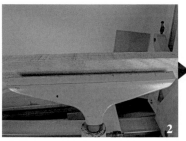
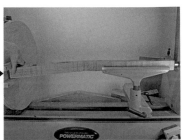

1 將車刀架放上去，看看剛剛畫的中心線是否平行於車刀架（水平）。

2 再將材料以手轉90度，進行相同的檢查。請注意，這時需要將材料調整至兩個方向都平行於車刀架（誤差愈小，車出來歪斜的狀況愈少）。

STEP 4

在正式開始轉速加工之前，一定要依照步驟指示，確實將椅腳固定在中心軸上。將方形的材料鋸出角度，這個過程需要耐心，也請務必注意安全。

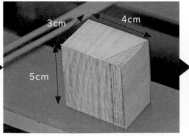

1 以自由角規找到適合的角度，並將準備好的小木塊依角度以帶鋸機裁切。

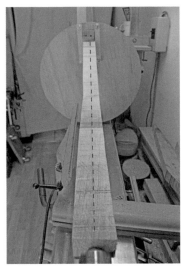

3 架材料的過程中同時也要由這個視角檢查，確認中心線位於中心軸上。若有歪斜，可依需要的方向，將腳料稍微削小一點，而另一邊有空隙就需要塞薄板，讓材料還是完全固定在兩塊實木之間。

2 確認都沒問題後，以螺絲將裁切好的小木塊鎖到夾板上，並將椅腳材料固定在兩塊實木之間（如果有需要，小木塊可先以熱熔膠固定再鎖螺絲）。

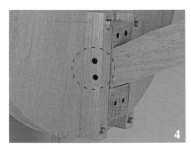

4 最後兩邊側面也要鎖上螺絲。

5 因為變換軸心的作法，重量都在一邊，另一邊就鎖上一個小圓盤，平衡重量。

6 由於是變換軸心，轉速要非常慢，建議轉速從零開始，再慢慢加速（圖中轉速未超過400rpm）。

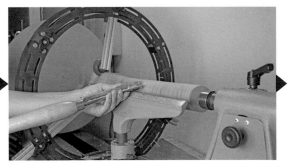

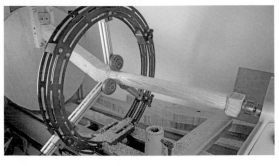

7 先將中間車出一段圓，寬度則以多功能支撐架需要的寬度為準。接下來將治具架到車床上，這樣可避免因圓桿長度太長而產生震動。架好治具後，就可將其他部分車成需要的直徑大小，但要將最右端的廢料部分留下（保持四邊形）。完成後進行砂磨，接著換邊再車（砂磨時可先將治具移開）。

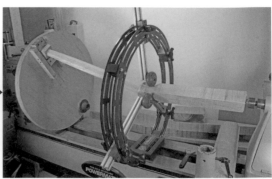

8 剛才未車製的廢料部分，讓末端材料仍保持方形，這樣比較容易固定至治具上。這時還是要以剛才的方法來固定腳料，並檢查是不是確實架好，車製的過程也類似，唯一不同的地方是，尾端不必刻意保留廢料部分，因為不需要再換邊了。

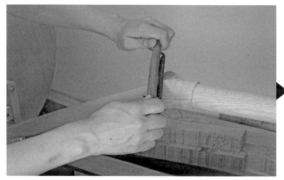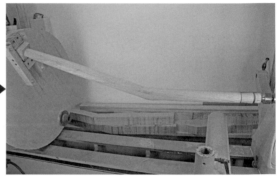

9 椅腳中間有一段沒辦法在車床上車掉，這段即是有曲度的部分。先不急著將後腳從車床上取下，試著以滾刨、牛角刨或其他工具（依個人的偏好），將這一小段修成圓桿（不要啟動車床），修好後進行砂磨即完成。這個步驟之所以仍將椅腳留在車床上，是為了工作中比較好固定並檢視。

鑽榫孔

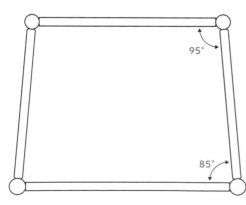

椅面俯視圖（單位：cm）

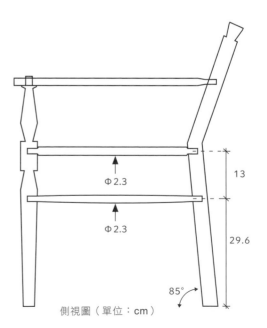

側視圖（單位：cm）

How to make

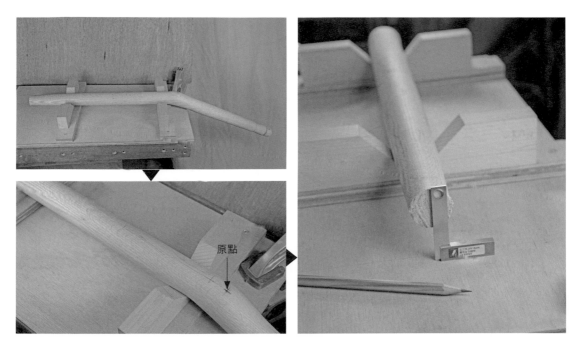

原點

1 將車好的腳放在圓桿固定治具上,以中間彎曲的點作為原點,且別忘了以P.26的方法檢查圓桿位置是否正確,確認榫孔到圓桿圓心連線是否垂直。接著,往下標出上下側撐兩個榫孔高度的位置,並在腳料底端,以角尺畫出經過圓心的垂直線(90度)。

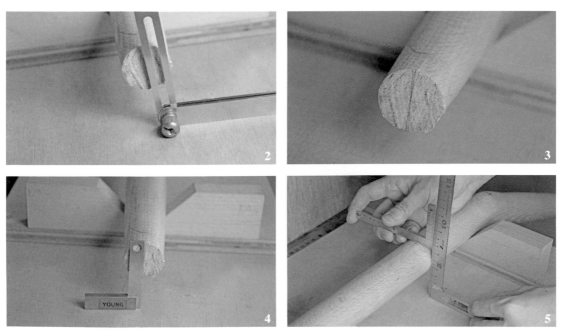

2 將自由角規調到95度,並在底端畫出過圓心的95度線。

3 加上剛才的垂直線,底端現在有兩條線。

4 將腳料略為轉動,換成95度的那條線,並與角尺平行。

5 依照P.26榫孔定位的方法,找出榫孔中心位置。

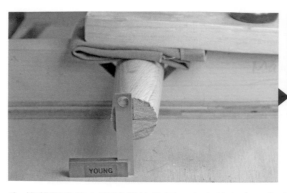
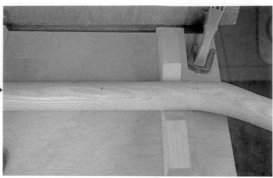

6 接著要定出上下後撐的位置。在底端畫出一條與剛才90度線垂直的線，並轉動腳料，使此線與角尺平行，以夾具將腳料固定。上下後撐與後腳為90度圓榫接合，所以這邊就以夏克風風格椅中（P.53）的方法來定位榫孔。

7 背撐與後腳也是90度圓榫接合，所以榫孔定位的邏輯與步驟6相同。還是一樣以P.26的方法先確認圓桿的正確位置，雖然後腳有曲度，在圓桿固定治具上還是可以進行。圓桿的位置正確，這樣找到的背撐榫孔才會與上下後撐的榫孔在同一平面上。

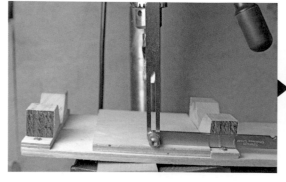
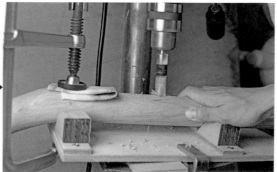

8 上下側撐不僅水平向是95度接合，垂直向也是95度接合。步驟1至5定出了水平向的榫孔位置，鑽孔時要鑽出垂直向95度的角度。需要使用自由角規來檢查治具角度，所以先將自由角規定在95度位置，接著在治具下墊板子調整角度，讓治具與鑽頭互為95度，並以夾具固定。以這樣的設定來鑽孔，即可鑽出95度接合的榫孔。都完成後，就可試組裝。

扶手製作

STEP 1 試組裝後，就可知道扶手會有多長。依尺寸規劃裁切扶手，並作出榫頭。

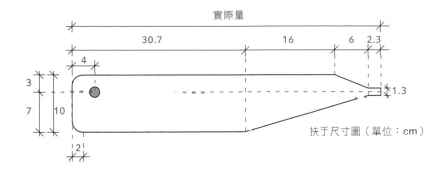

扶手尺寸圖（單位：cm）

1 將材料整理到需要的長寬高後，將外形、榫孔及榫頭位置畫出來。

2 以帶鋸機裁切後，以頂針將材料架在車床上。

3 在車床上車出榫頭（小心不要碰到非榫頭的部分，避免受傷）。

4 圖中可看到完成後的榫頭。

STEP 2 以其他作品應用過的方式來找出扶手榫頭的位置（參閱P.106步驟1至3），但有一處作法不同，說明如下，請特別留意。

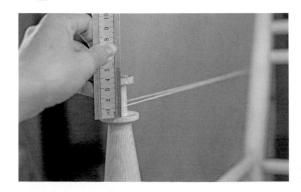

1 前腳橡皮筋位置為1/2個板厚，即1cm處。

2 橡皮筋高度確定後，即可以直尺在後腳上找出榫孔位置。

STEP
3
找出扶手榫頭位置後，也要畫出榫孔角度。扶手和椅腳皆鑽孔後，再微修零件細節，即可上膠組裝。

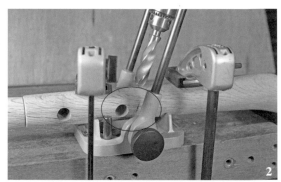

1 請記得將榫孔角度畫出來，即描出橡皮筋位置。

2 接著，以電鑽架來鑽孔。確認鑽頭角度與剛才描出橡皮筋位置的線角度須相同。

3 扶手的榫孔則到鑽床上處理。試組裝時即可知道扶手長度，也就知道榫孔位置。

4 試組裝，若沒問題就可細修扶手外形。

5 找一夾板，利用夾板的直線邊作為輔助，以後鈕刀將扶手的直線部分修出來。

 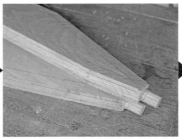 

6 以鉛筆畫出倒角部分，以刨刀、牛角刨來製作。

7 圖中為扶手進行倒角加工後的效果。

8 最後，上膠組裝時，別忘了扶手部分要作楔片。詳細步驟請參閱P.45（兒童凳），此處不再重複。

椅面編織

1 先確認已掌握梯形椅面的編法要點：①先量出後上撐的長度（這邊是48cm）&前上撐長度（55cm）。②作記號處的計算公式（55cm-48cm）/2=3.5cm→在前上稱左右兩端3.5cm處作上記號。

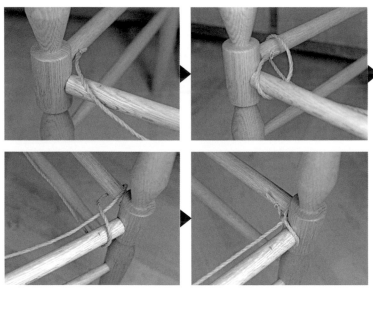

2 在前上稱左右兩端3.5cm處作上記號。依照P.57的方法開始編織，但是這個階段只編前面兩個角落。拉緊後，剪斷，將尾端釘在上側撐內側。

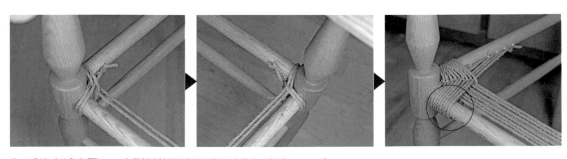

3 重複上述步驟，一直到紙藤面積達到剛才作記號的3.5cm處。

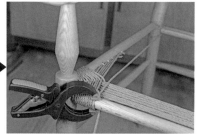

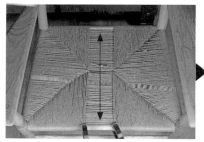

4 梯形本來就是前後長度不一樣，前面的步驟已經先把有差異的面積編好了，接下來就可按照之前的方式進行編織（請參閱夏克風風格椅P.57）。

5 因為這個椅面不是正方形，所以編到後來會有一邊先編滿，這時，還是依著「由上方繞過橫撐一圈」的原則，前後依序將剩下的面積編滿，並在椅面下方打結。

椅背編織

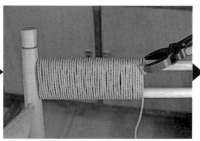

1 椅背的編織方法不同於椅面的編織。首先將一端釘在椅腳內側，以上下繞圈的方式將椅背繞滿，並將尾端釘在另一邊椅腳的內側。

2 從背後開始，以兩條上、兩條下的方式進行。愈編會覺得愈緊，有一小訣竅可以解決這個問題，就是使用水電膠帶將線頭黏好，線頭會變得比較扁平，比較好穿過縱線。另一個方法則是使用尖嘴鉗，拉線時會比較省力。完成後，將椅背整理一下，即可將兩端釘在椅腳內側（背面），並在適當處剪斷。

Ecole Escoulen
木工車床學習紀錄

國外木工車床的創作非常多樣精采，除了觀賞他們的作品之外，平常也經由網頁，瞭解歐美木工車床學校的課程安排和訓練。

這次選擇前往法國Ecole Escoulen木工車床學校上課，主要是他們的師資，好幾位都是這個領域內的高手，同時也可以藉這個機會去法國旅遊，一圓我的法國夢！從電腦螢幕上追蹤Ecole Escoulen的課程好幾年後，終於在2018年春天成行。

日期	課程	授課老師
2018/4/10 至 4/13	變換軸心	Jean-François Escoulen
2018/5/1 至 5/4	多軸心與雕刻的應用	Alain Mailland
2018/5/10 至 5/12	木工車床研討會及學校參觀日	

▲艾居伊納

▲艾居伊納地理位置圖

　　學校位於法國的東南部小鎮艾居伊納（Aiguines），常年住在小鎮的人口約有140人，即使是夏天旅遊季節，居民亦不超過500人，這樣的環境讓在都市長大的我非常嚮往。

　　前往學校報到當天，剛好是法國國鐵罷工日，許多火車班次都取消，從馬賽出發後，一路搭了火車、兩班大巴、小巴，最後終於順利到達目的地。一路上的喧擾，與寧靜的小鎮成為了強烈的對比。

　　木工車床學校的主要建築呈現一個L形，並且圍出一個前庭的空間，這也是往學校的主要出入口。果然是木工車床學校！前庭休憩區可以看到木藝裝置與家具，不僅可看到木工車床的影子，也讓前庭充滿活潑的氛圍。

　　走到室內，更可看到一些木工與木工車床的歷史，除此之外，布告欄上也貼滿國內外木藝創作者與展覽的活動訊息。頻繁且大量的資訊交流真的令人心生羨慕。

　　在校園中，隨處可見「木工車床」在生活中扮演著不可忽視的角色。誰說桌腳一定是直的！圖書室裡的每一隻桌腳都歪歪扭扭。創作這件事真的能夠讓生活中充滿樂趣！

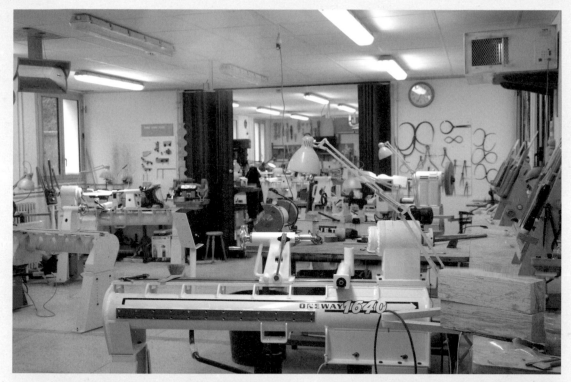

　　此行最主要的目的是向Jean-François Escoulen老師學習「變換軸心技法」，以及向Alain Mailland老師學習「多軸心及雕刻的應用」。從設備可以深刻體會到辦校者的用心，不論是軟體或硬體，就我的觀察，這大概是最好的車床學校之一了！

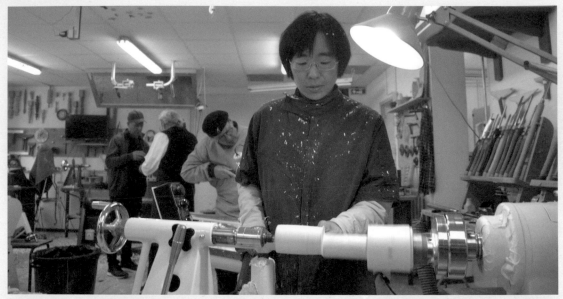

上圖為筆者上課操作,中、下圖為老師示範講解。這一次的短期課程邀請了不同的專業老師,以四天為一期,在半年內提供了二十多種不同主題課程。我挑選的這兩個主題,兩位老師都是車床高手,作品也都享譽盛名。

　　兩個單元課程共八天，研習時數長達七十小時，不僅學到新技巧，也學到新觀念，真的不虛此行！上課時嘗試了不少作品，我盡可能地以鏡頭補捉這些作品和老師的示範。這些紀錄不僅能讓我回家後持續複習並消化所學，更是此趟法國之行的美好記憶！

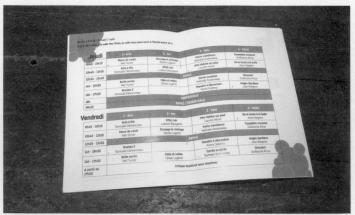

　　Ecole Escoulen每年都會舉辦研討會並開放參觀，每位參加的同好還可以帶自己的作品展示，互相觀摩。研討會邀請木工車床名家來展現拿手的技藝，2018年共有十位來自法國及澳洲的車床工藝家現場示範解說。

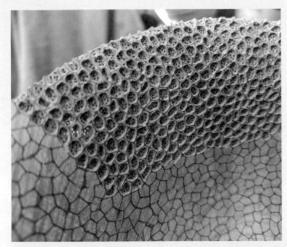
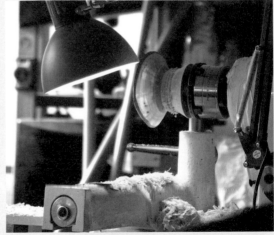
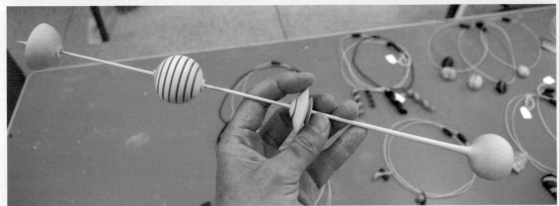

　　會中可以看到車製過程、工具，也可提問，能夠近距離看到作品成形，且有機會拿在手中仔細觀摩。雖然不能現場親手嘗試製作，但這些學習經驗已經非常難得。

研討會上有一位老先生，不厭其煩地講解如何製作Chinese Ball，仔細端詳那些作品，很難想像是出自一個八十三歲的老先生之手，他的細心、耐心、耐力真是令人讚嘆。

　　前後在艾居伊納（Aiguines）待了約三個星期，除了上課觀摩學習之外，也感受了小鎮緩慢的步調及寧靜的生活。在這樣的環境中，不僅能夠心無旁騖地學習，也體驗了非常幸福的生活！

相關訊息

【木工車床學校】

Ecole Escoulen
http://escoulen.com/en/

【旅途中遇到的木工車床工藝家】

Guillaume Atrux

Ludovic Bourgeois
http://www.souslecorce.fr/

Romuald Clémenceau
http://www.lesboisdelapassion.sitew.com

Pierre Deletraz
http://www.aatournage.fr/

Nathalie Groeneweg
https://www.atelierng.com/

Jean-François Escoulen

Hubert Landri
http://www.hubertlandri.fr/

Olivier Logerot
https://www.facebook.com/logerot.olivier

Alain Mailland
https://mailland.fr/

Yann Marot
http://www.yannmarot.com/

Julien Monnier
https://www.atelier-monnier.fr

Joss Naigeon
http://jossnaigeon.fr/joss-naigeon/

Laurent Niclot
http://laurent-niclot.com/

Paul Texier

Neil Turner
http://neilturnerartisan.com.au/

Bernard Azema
https://www.trembleur-azema.fr

國家圖書館出版品預行編目資料

初學者OK！車削×鑽孔×榫接×編織：全圖解木工車
床家具製作全書 / 楊佩曦作.
-- 初版. -- 新北市：良品文化館出版：雅書堂文化發行，
2018.11
　面；　公分. --(手作良品；82)
ISBN 978-986-96977-4-3(平裝)
1.木工 2.家具製造
474.3　　　　　　　　　　　　107018306

手作 💛 良品　82

初學者OK！
車削×鑽孔×榫接×編織
全圖解木工車床家具製作全書

....

作　　　　者／楊佩曦

發　行　人／詹慶和

總　編　輯／蔡麗玲

執 行 編 輯／李宛真

編　　　輯／蔡毓玲・劉蕙寧・黃璟安・陳姿伶・陳昕儀

執 行 美 編／韓欣恬

美 術 編 輯／陳麗娜・周盈汝

成 品 攝 影／數位美學 賴光煜

出　版　者／良品文化館

發　行　者／雅書堂文化事業有限公司

郵政劃撥帳號／18225950

郵政劃撥戶名／雅書堂文化事業有限公司

地　　　　址／220新北市板橋區板新路206號3樓

電　　　　話／(02)8952-4078

傳　　　　真／(02)8952-4084

網　　　　址／www.elegantbooks.com.tw

電 子 郵 件／elegant.books@msa.hinet.net

....

2018年11月初版一刷　定價580元

....

經銷／易可數位行銷股份有限公司

地址／新北市新店區寶橋路235 巷6 弄3 號5 樓

電話／ (02)8911-0825

傳真／ (02)8911-0801

....

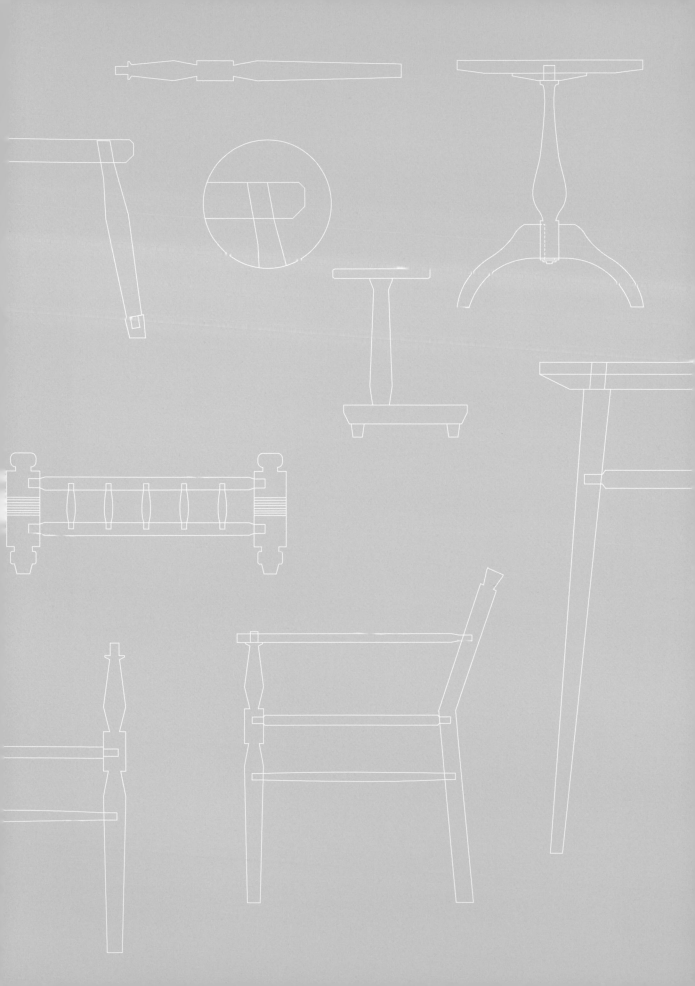